浙江省"十一五"重点教材
浙江省高校系列教材
高职园林专业综合能力实训系列教材

常用园林植物彩色图鉴

主　编：何礼华　汤书福

副主编：徐绒娣　李金朝

　　　　龚仲幸　周文飞

ZHEJIANG UNIVERSITY PRESS
浙江大学出版社

图书在版编目（CIP）数据

常用园林植物彩色图鉴／何礼华，汤书福主编. —
杭州：浙江大学出版社，2012.08（2022.2重印）
ISBN 978-7-308-10416-6

Ⅰ. ①常… Ⅱ. ①何… ②汤… Ⅲ. ①园林植物–
浙江省–图谱 Ⅳ. ①S68-64

中国版本图书馆CIP数据核字(2012)第197698号

常用园林植物彩色图鉴

何礼华　汤书福　主编

责任编辑　王元新
封面设计　春天书装
出版发行　浙江大学出版社
　　　　　　（杭州天目山路148号　邮政编码：310007）
　　　　　　（网址：http://www.zjupress.com）
排　　版　杭州林智广告有限公司
印　　刷　浙江印刷集团有限公司
开　　本　889mm×1194mm　1/16
印　　张　15
字　　数　335千
版 印 次　2012年8月第1版　2022年2月第13次印刷
书　　号　ISBN 978-7-308-10416-6
定　　价　80.00元

浙江大学出版社市场运营中心联系方式：(0571) 88925591；http://zjdxcbs.tmall.com

编 写 委 员 会

主　　编：何礼华（中国林科院亚热带林业研究所）

　　　　　汤书福（丽水职业技术学院）

副 主 编：徐绒娣（宁波植物园）

　　　　　李金朝（宁波城市职业技术学院）

　　　　　龚仲幸（杭州职业技术学院）

　　　　　周文飞（杭州凰家园林景观有限公司）

参编人员：王昌腾、张建新（丽水职业技术学院）

　　　　　林乐静、张椿芳（宁波城市职业技术学院）

　　　　　俞安平（杭州科技职业技术学院）

　　　　　宋　扬（浙江同济科技职业学院）

　　　　　杨照渠（台州科技职业学院）

　　　　　黄超群（嘉兴职业技术学院）

　　　　　吴　叶（浙江广厦建设职业技术学院）

　　　　　张　楠（杭州市园林绿化股份有限公司）

　　　　　黄温翔（杭州凰家园林景观有限公司）

摄　　影：何礼华　王松盛　汪世平

　　　　　吕伟德　徐绒娣　屠娟丽

　　浙江省委省政府将"建设生态省"、"打造绿色浙江"作为浙江的发展战略，各地市也相继提出了"生态城市"、"园林城市"、"森林城市"等建设目标，对园林绿化的重视程度不断提高。政府的引导和公众观念的转变，使园林产业得到迅猛发展，浙江省具有高等级资质的园林企业数量已跃居全国前列，在全国园林行业中具有举足轻重的地位，对园林专业人才的需求量和素质要求也逐步提高，对园林人才培养提出了更高的要求。

　　高职教育应主动适应行业发展需求。为进一步提高园林人才培养质量，经浙江省高职教育农林牧渔类教学指导委员会推荐，省教育厅批准立项，组织编写浙江省高校系列教材《园林技术专业综合能力实训》。

　　园林植物应用能力是园林从业人员应当熟练掌握的专业能力。当前，在国内高职园林教育中，尚缺乏以直观的彩色图片为主、按照园林植物形态特征与用途进行分类的园林植物教材。为提高园林植物应用能力方面的教学效果，编者根据多年专业实践和教学经验，组织编写本教材，作为《园林技术专业综合能力实训》的配套系列教材和园林专业工作者的工具书。

　　根据高职教育工学结合的教学特点，本教材以园林植物的形态特征和生态习性为核心，按照园林实际应用进行分类编写，注重"直观，实用，与行业接轨"。本书共收集了400余种在浙江省及周边地区的常用园林植物的彩色图片，并配编了一定的文字说明。全书图文并茂，直观易学，适用于园林技术、园林工程技术、园艺技术、环境艺术等专业的教学，也可作为园林、园艺等相关专业从业人员的培训资料和参考用书。

　　为充分利用行业企业资源，本教材在校企合作方面进行积极探索，在编写委员会和编写人员中都有企业高管和专家参与。本书由中国林科院亚热带林业研究所何礼华和丽水职业技术学院汤书福担任主编；宁波植物园徐绒娣、宁波城市职业技术学院李金朝、杭州职业技术学院龚仲幸和杭州凰家园林景观有限公司周文飞任副主编；丽水职业技术学院王昌腾和张建新、宁波城市职业技术学院林乐静和张椿芳、杭州科技职业技术学院俞安平、浙江同济科技职业学院宋扬、台州科技职业学院杨照渠、嘉兴职业技术学院黄超群、浙江广厦建设职业技术学院吴叶、杭州市园林绿化股份有限公司张楠、杭州凰家园林景观有限公司黄温翔等参加了本书的编写；何礼华和汤书福负责全书的修改、总纂和定稿。

本教材是浙江省重点教材建设项目，在教材的编写过程中得到了浙江省教育厅、浙江省高职农林牧渔类教学指导委员会、浙江省高职园林专业建设指导委员会、浙江农林大学、中国林科院亚热带林业研究所、丽水职业技术学院、宁波城市职业技术学院、杭州市园林绿化股份有限公司、杭州凰家园林景观有限公司和浙江大学出版社的指导和支持，并参考了有关书籍、文献及网站资料，在此谨向给予支持的单位、领导、专家以及参考书、网站资料的作者致以衷心的感谢。

由于编写人员水平有限，书中难免有错误和疏漏之处，敬请各位专家和读者批评指正。

编　者

二〇一二年六月

目录

园林植物学基础知识

一、园林植物的概念

园林植物是指由人工栽培为主、具有一定的观赏价值、可应用于室内外环境布置、以改善和美化环境为目的的植物的总称。

园林植物有木本和草本之分，木本者称为园林树木，草本者称为园林花卉。

园林树木泛指一切可供观赏的木本植物，包括各种乔木、小乔木、灌木、木质藤本以及竹类。乔木、小乔木的主干明显而直立，分枝繁茂，植株高大，分枝在距离地面较高处形成树冠，如松、杉、柏、杨、栎、榆、榉、槐等；灌木则一般比较矮小，没有明显的主干，近地面处枝干丛生，如迎春、蜡梅、紫荆、木绣球等；木质藤本的茎干细长，不能直立，匍匐地面或依附它物而生长，如络石、薜荔、紫藤、凌霄、爬山虎等；竹类是园林植物中的特殊分支，种类多，观赏期长，如紫竹、孝顺竹、佛肚竹等。

园林花卉泛指一切可供观赏的开花的和观叶的草本植物，包括一二年生花卉、宿根花卉、球根花卉等，其中大部分冬季落叶，少部分为四季常绿（如麦冬草、吉祥草、葱兰等）。

园林植物学是大中专院校园林、园艺、生物、旅游以及环境艺术设计等专业学生的专业基础课之一。园林植物学与普通植物学在研究的内容和要求上有所不同，普通植物学主要为造林和木材利用服务，而园林植物学不仅要了解其分类、分布、生态、用途，并且还要研究其观赏特性和应用价值。

二、园林植物的作用

园林植物种类繁多，体量大小差异悬殊，叶色四季丰富多彩。不仅可以作为园林造景的主题，也可衬托其它造园元素；既具有观赏的特性，又具有生态的功能。其作用主要体现在植物造景、改善环境、保护环境、美化环境、陶冶情操、增进身心健康等；此外，园林植物亦有一定的生产作用，可为人们带来一定的经济效益。

（一）植物造景

园林植物是造园的"三要素"（山水、建筑和植物）之一，它不仅是大自然生态环境的主体，也是风景资源的重要内容。将丰富多彩的植物用于园林创作，可以营造一个充满生机的优美的自然环境，繁花似锦的植物景观，可为人们提供自然审美的对象。并且园林植物具有形状、大小、色相、季相的变化，甚至有昼夜的变化等，这是其它无生命的造园材料所没有的。

造园可以无山或无水，但不能没有植物。至于日本的"枯山水"庭园，似乎是没有植物的园林特例；但"枯山水"往往是园林的局部，而在整个园林环境中，则是不乏栽种植物的。

植物造景是世界园林发展的趋势，植物是园林中有生命的最重要的元素，园林景观质量的好坏，很大程度上取决于园林植物的选择和配置。欧洲造园，无论是花园(Garden)还是林园(Park)，顾名思义都是以植物为主要材料。可以说，植物与园林不可分割，离开了树木花草也就不成其为园林艺术了。

（二）改善环境

1. 调节温度。众所周知，树荫下会感到凉爽宜人，这主要是树冠遮挡了阳光，减少了阳光的辐射热，并降低了小气候的温度所致。不同的树种有不同的降温能力，这主要取决于树冠大小、树叶密度等因素。

2. 提高湿度。据研究测定，一般树林中的空气湿度要比空旷地的湿度高7%～14%。

3. 防风固沙。据研究测定，公园中的风速要比城区小80%～94%。若能组成防护林带，则可防风、防沙和固沙，三北防护林带就足以说明这种功效。

4. 防止水土流失。从全国的统计资料来看，大面积的植树造林对保持水土、涵养水源具有巨大的作用。

（三）保护环境

1. 净化空气。植物光合作用吸收二氧化碳放出氧气，人类呼出的二氧化碳被植物吸收，又放出人类所需的氧气，从而具有恢复并维持生态自然循环和自然净化的能力。所以说园林植物是净化空气的"城市绿色工厂"。

2. 吸收有毒气体。大气污染包括多种有毒气体，其中以二氧化硫为主，氟化氢、氯气次之。园林植物具有吸收各种有毒气体的能力，故在环境保护方面能发挥相当大的作用。

3. 阻滞烟尘和尘埃。树木的枝叶可以阻滞空气中的烟尘，相当于滤尘器。一般树冠大而浓密、叶面多毛或粗糙以及分泌有油脂或黏液的树种均有较强的滞尘力。

4. 分泌杀菌素。城镇中闹市区空气里细菌数含量比公园、绿地多数倍甚至数十倍，主要是公园、绿地中很多植物能分泌杀菌剂。如桉树、肉桂、柠檬等树木含有芳香油，它们具有杀菌力。

5. 减低噪声。隔音效果较好的树种有：雪松、龙柏、桧柏、水杉、悬铃木、垂柳、香樟、桂花、女贞等。

6. 抗灾防火。将有宽厚木栓层和富含水分的树种植成隔离带，能起到一定的防火作用。如木荷、火力楠、珊瑚树、椤木石楠、榕树、女贞、苏铁等。

（四）美化环境，陶冶情操

园林植物的美不仅体现在其本身形体、色彩等方面，而且体现在风韵美（亦称内容美、象征美，是一种抽象美）；风韵美既能反映出大自然的自然美，又能反映出人类智慧的艺术美。人们常把植物人格化，从联想上产生某种情绪或意境。例如，荷花喻意高洁，出污泥而不染；松、梅、竹称为"岁寒三友"，喻意不畏严酷的环境；红豆表示思慕；柳树表示依恋等。因此，园林植物不仅是美化环境的物质材料，也是传承精神文化的载体（详见书后附件11——园林植物意境美的营造）。

（五）带动产业，促进经济

园林植物的生产是一项很有前景的商品生产，经济价值较高，同时还能带动其它工业生产，如陶瓷工业、塑料工业、玻璃工业、化学工业以及包装运输业等。

园林植物是出口创汇的重要物资之一，尤其是一些特产花卉，如漳州水仙、兰州百合、云南山茶花以及各类盆景等，历年均有大量出口。荷兰的郁金香、日本的百合、新加坡的热带兰、意大利的干花等，在各国的出口中都占有重要的地位。我国特产花卉种类丰富，有着巨大的潜力和广阔的前景。

园林植物的经济效益除了观赏价值以外，还有药用、油料、香料等其它用途和效益。

三、园林植物的分类与命名

研究和应用园林植物，首先要解决植物的识别问题，这要从植物的形态特征入手，按植物的自然分类系统来正确识别与鉴定，进而辨明一些重要的园林植物的亚种、变种和变型，这是学好园林植物的前提。其次要了解各种园林植物的生长发育特点及其对环境条件的要求，从而为应用奠定基础，最后达到能在不同条件下选择、繁育、应用适宜的园林植物。

对园林植物进行分类，目的在于对园林植物的正确识别与应用。分类的方法很多，需要重点掌握的是按照植物进化关系、亲缘关系而进行的自然分类法。

园林植物的自然分类法，又称系统发育分类法，即根据自然界植物有机体的性状分门别类，并按一定的分类等级和分类原则进行排列，从而建立一个合乎逻辑的、能反映各类植物间亲缘关系的分类系统。

（一）植物界的基本类群

瑞典植物学家林奈(C. Linnaeus)于18世纪把生物分为植物界和动物界，植物界包括藻类植物、菌类植物、地衣植物、苔藓植物、蕨类植物和种子植物六大类群，这种两界系统至今仍被沿用。

藻类植物、菌类植物、地衣植物结构简单，没有根、茎、叶的分化，在其生殖过程中，不产生胚，称为无胚植物，又称为低等植物。苔藓植物、蕨类植物和种子植物合称为高等植物；它们在生殖过程中可产生胚，故又称为有胚植物。蕨类植物和种子植物具有维管束，故合称为维管束植物；藻类植物和苔藓植物无维管束，称为非维管束植物。藻类、苔藓、蕨类植物用孢子繁殖，故称孢子植物；由于其不开花、不结果，所以又称为隐花植物。苔藓、蕨类植物的雌性生殖器官为颈卵器，裸子植物中也有退化的颈卵器，因而将三者合称为颈卵器植物。裸子植物和被子植物能产生种子，称为种子植物。

植物界	低等植物（无胚植物；原植体植物）	藻类植物			孢子植物
		菌类植物			
		地衣植物			
	高等植物（有胚植物；茎叶体植物）	苔藓植物		颈卵器植物	
		蕨类植物			
		裸子植物	维管束植物		种子植物
		被子植物			

（二）植物分类的阶层系统

植物分类就是将自然界的植物按一定的分类等级进行排列，并以此表示每一种植物的系统地位和归属。常用的植物分类等级包括界、门、纲、目、科、属、种。在每一个等级之下还可以分别加入亚级，如亚门、亚纲、亚目、亚科、亚属、亚种等；另外，在科以下有时还加入族、亚族；在属以下有时加入组或系等分类等级；种的下面设立亚种、变种和变型。所有这些分类等级构成了植物分类的阶层系统。

"种[species(缩写sp.)]"是植物分类鉴定和命名中的基本单位。因为不同专业的生物学家对物种的概念有不同的理解，所以给物种一个确切的定义，是相当困难的。目前，大家比较一致的看法是："种"是在自然界中客观存在的一种类群，这个类群中的所有个体都有着极其近似的形态特征和生理、生态特性，个体间可以自然交配产生正常的后代而使种族延续，并在自然界占有一定的分布区域。"种"具有相对稳定的特征，但它又不是绝对固定、永远一成不变的，它在长期的种族延续中是不断地产生变化的。所以在同种内会发现具有一定差异的集团，分类学家按照这些差异的大小，又在"种"下分为亚种、变种和变型等分类等级以及栽培品种。

亚种 [subspecies(缩写ssp.)]——在形态上与种有显著的区别，亦有一定的地带性分布区域，所以又称地理亚种或地理宗。

变种 [varieties(缩写var.)]——是一个种的形态变异，变异比较稳定，即区别特征明显；但在地理上无明显的地带性分部区域，分布范围比亚种小得多，又称为地方宗。

变型 [forma(缩写f.)]——是形态性状差异比较小的类型，如毛的有无、花的颜色等，看不出有一定的分布区域，而是零星分布的个体。

栽培品种 [cultivar(缩写cv.)]——不属于自然分类的基本等级，它是通过人工培育而成的。它的基本条件为：具有人们所需要的经济性状；具有地区性，能适应一定的自然环境和栽培条件；具有稳定的遗传性状，通过繁殖能保持原有特征；原有品种经过继续杂交、选育，若突变出显著差异后，可另外命名，作为新品种看待。

（三）植物的命名

植物的名称，不但因各国语言而异，即使在同一国家也往往由于不同地区而发生"同物异名"或"同名异物"现象，对植物研究利用与国际、国内交流等诸多方面带来了不便。

1753年瑞典植物学家林奈在他的《植物种志》中首创了双名法，给每种植物一个统一的科学名称，简称学名。每种植物的学名，均由两个拉丁词组成，第一个词是该植物的属名，第二个词是种加词，这两个词组合在一起，就成为该植物的学名。由于学名是由拉丁文写成的，所以一般又简称为拉丁名。

植物命名的基本规则：

（1）植物科的名称一般用其代表属的学名的词干加科的词尾aceae构成，如松科Pinaceae、蔷薇科Rosaceae等。

（2）植物属的名称通常用拉丁文名词，采用单数、第一格的形式；书写时第一个字母大写，后附定名人；属名可来源于产地名、方言、习性等。

（3）植物种名采用林奈的双名法命名，即属名 + 种加词 + 命名人。种加词通常用形容词或名词所有格，书写时全部小写；用形容词作种加词时，在拉丁文语法上要求其性、数、格均与属名一致；种加词可用表示植物用途或特征的词，亦可用表示方位、表示原产地的词，甚至人名。

（4）命名人通常以其姓氏的缩写表示，缩写后必须附缩写符号。如银杏*Ginkgo biloba* Linn.（*Ginkgo*为属名，*biloba*为种加词，Linn.为命名人的缩写）。

四、园林植物的其它分类

（一）依生物学特性和生长习性分类

1. **一二年生花卉**——指在一个生长季或两个生长季内完成生活史的花卉。

（1）一年生花卉：一般春季播种，夏秋开花结实，如百日草、凤仙花、鸡冠花等；

（2）二年生花卉：一般秋季播种，次年春夏开花，如紫罗兰、三色堇、羽衣甘蓝等。

2. **宿根花卉**——冬季地上部分枯死，根系在土壤中宿存而不膨大，翌年重新萌发生长的多年生草本花卉，如菊花、芍药、萱草等。

3. **球根花卉**——冬季地上部分枯死，地下部分肥大呈球状或块状的多年生草本花卉。如大丽花、郁金香、美人蕉等。

4. **木本植物**——指茎干木质化的一类植物。依茎干的性状分为：

（1）乔木——有明显的主干，侧枝从主干上发出，植株直立高大。分常绿乔木和落叶乔木两大类，如桂花、广玉兰、鹅掌楸、悬铃木等。

（2）灌木——地上部分无明显主干和主枝，多呈丛状生长。分常绿灌木和落叶灌木两大类，如栀子、海桐、迎春、月季等。

（3）藤木——地上部分不能直立生长，茎蔓匍地生长或攀附在其它物体上向上生长，如紫藤、凌霄、常春藤、络石等。

（4）竹类——是园林植物的特殊分支，在形态特征、生长繁殖等方面与其它树木不同。根据其地下茎的生长特性，分为单轴散生型、合轴丛生型和复轴混生型。常见栽培的有刚竹、紫竹、佛肚竹、凤尾竹等。

（5）棕榈类——是园林绿化中重要的一类，其形态特征、生长习性与其它植物有明显的差异。常见栽培的有棕榈、加拿利海枣等。

5．水生花卉——多为宿根草本植物，地下部分多肥大呈根茎状，生长在浅水或沼泽地上，如荷花、睡莲、再力花、花叶芦竹等。

6．兰科花卉——按其性状属于多年生草本植物，但因其种类多，在栽培方面有其独特的要求，而将其单独列出。兰科植物根据其性状和生态习性不同，又可分成中国兰和西洋兰两类，如建兰、春兰、卡特兰、兜兰等。

7．仙人掌及多肉、多浆植物——这类植物多原产于热带半荒漠地区，其茎部变态成扇状、片状、球状或多形柱状，多数种类的叶变态成针刺状。茎内多汁并能贮存大量水分，以适应干旱的环境条件。如仙人掌、仙人柱、蟹爪兰等。

8．蕨类植物——是高等植物中较低等而不开花的一个类群。常见栽培的有铁线蕨、凤尾蕨、肾蕨等。

9．岩生植物——具有较强抗逆性，植株低矮或匍匐，如偃柏、点地梅、百里香等。

10．草坪与地被植物——从广义的概念上讲，草坪植物也属于地被植物的范畴。随着园艺事业的发展和人们园林艺术欣赏水平的提高，草坪和地被植物已成为现代园林建设中不可缺少的组成部分，在绿化、美化城市，保护和改善环境方面发挥着重要而不可替代的作用。

（二）依观赏部位和特性分类

1．观叶类——叶的颜色变化极为丰富，具有很高的观赏价值。根据叶色的深浅、季相的变化等特点，可分为以下几种类型（各类型的具体品种详见书后附件1）。

（1）绿色类：绿色属叶子的基本颜色，绝大多数观赏植物在年生长周期中的大部分时间内均为绿色。依叶色的深浅（浓淡）又可分为深绿色和淡绿色。

（2）春色叶类：叶色因季节的不同而发生变化，春季新发之嫩叶有显著不同叶色（与其它季节叶色相比）的植物，统称为春色叶植物。

（3）新叶有色类：有些植物的新叶（非常色）不限于在春季发生，不论季节只要发出新叶为非常色的，即可称为新叶有色类。

（4）秋色叶类：凡在秋季叶子颜色能显著变化的植物，均称为秋色叶植物，主要以木本植物为主，草本植物秋季变色的不多见。

（5）常色叶类：有些植物的变种或品种，叶常年均为异色（非绿色），而不是到秋季才变色，特称为常色叶植物。

（6）双色叶类：叶背与叶面的颜色显著不同的植物，称为双色叶植物。

（7）斑色叶类：叶面具有其它显著不同颜色的植物，称为斑色叶植物。

2．观花类——该类植物的花的形状、大小、色彩多种多样，花期较长，花期差异也较大。具体分为以下几方面：

（1）花期：分为春季开花、夏季开花、秋季开花、冬季开花和四季开花等。

（2）花式：即开花与展叶的前后关系，具体分为先花后叶、先叶后花、花叶同放等。

（3）花形：多数植物的花形为常见的钟形、十字形、坛形、辐射形、蝶形等，但也有部分植物的花发生变化形成奇异的花形。

（4）花色：分为红色花系、兰紫色花系、黄色花系、白色花系、彩斑类花系等。

（5）花瓣：有单瓣型、重瓣型、复瓣型及套瓣型等。

（6）花香：大致可分为清香、甜香、淡香、幽香、暗香等。

（7）花相：即花朵或花序在植株上着生的状态，具体分为独生花相、线条花相、星散花相、团簇花相、覆被花相、密满花相、干生花相等。

（8）花韵：即花所具有的独特风韵，是人们对客观所产生的一种感觉或印象。

3．**观果类**——果实具有突出的美化作用，其观赏价值主要体现在形状与色泽两方面。

（1）果实的形状：以奇、巨、丰为标准。所谓"奇"是指形状奇异有趣；所谓"巨"是指单体的果形较大，或果虽小但果色鲜艳，均可收到"引入注目"之效；所谓"丰"乃就全树而言，无论单果或果穗，均应有一定的丰盛数量，才能发挥较高的观赏效果。

（2）果实的色彩：根据果色的不同可分为红果系列、黄果系列、蓝紫色系列、黑果系列、白果系列等。

4．**观芽类**——有些植物的花、叶观赏价值不高，但其芽比较独特，如银芽柳等。

5．**观茎类**——有些植物的枝、茎有特别的风姿，如虎刺梅、卫矛、木瓜等。

6．**观根类**——有些植物裸露的根部或特化的根系有一定的观赏价值，尤其是一些多年生的木本植物，如松、榆、朴、梅、银杏、榕树等，自古就将此观赏特点用于园林美化和桩景的栽培。

7．**观形类**——有些植物的株形有特点，具有较高观赏价值。株形常可分为圆柱形、尖塔形、伞形、棕榈形、丛生形、球形、馒头形、拱枝形、苍虬形等。

（三）依园林用途分类

1．**庭荫树**——冠大荫浓，在园林中起庇荫和装点空间作用的乔木。庭荫树应具备树形优美、枝叶茂密、冠幅较大、有一定的枝下高、有花果可赏等。常用的庭荫树有香樟、广玉兰、悬铃木、鹅掌楸等。

2．**园景树**——具有较高观赏价值，在园林绿地中能独自构成景致的树木，又称为孤植树。常用的园景树有银杏、枫香、槐树、桂花、雪松等。

3．**行道树**——指种植于道路两侧及分车带的树木的总称。主要作用是为车辆和行人庇荫，减少路面辐射和反射光，降温、防风、滞尘、减噪和美化街景。常用的树种有悬铃木、鹅掌楸、枫香、香樟等。

4．**花灌木**——指叶、花、果、枝或全株可供观赏的灌木。具有美化和改善环境的作用，是构成园景的主要素材，在绿化中占有重要地位。如园林中用于点缀山坡、池畔、草坪、道路的蜡梅、蔷薇、金钟花、牡丹、绣线菊、八仙花等。

5．**绿篱植物**——指园林中用于密集栽植形成绿篱的植物，多为木本植物，如小叶女贞、金边大叶黄杨、银边六月雪、大花六道木等。

6．**攀缘植物**——指茎蔓细长，不能直立生长，需攀附支持物向上生长的植物。主要用于垂直绿化，可植于墙面、山石、拱门、棚架等旁边，使其攀附生长，形成各种立体的绿化效果，如紫藤、凌霄、络石、爬山虎、多花蔷薇等。

7．**草坪和地被植物**——从广义的概念上讲，草坪植物也属于地被植物的范畴；但按目前的用途，把草坪单独列为一类。

8. **切花花卉**——切花是从植株上剪下带有茎叶的花枝，常见的切花花卉有月季、蜡梅、菊花、康乃馨、满天星等。

9. **盆栽花卉**——指能盆栽观赏，并能布置各种立体花坛的花卉植物。

（四）依自然分布分类

1. **热带观赏植物**——本类植物在离开原产地后，冬季需进入温室越冬，如变叶木、绿萝、花叶芋等。

2. **热带雨林观赏植物**——要求夏季凉爽、冬季温暖、空气相对湿度在80%以上的荫蔽环境。在栽培中夏季需庇荫养护，冬季需进入温室越冬，如海芋、龟背竹、散尾葵等。

3. **亚热带观赏植物**——喜温暖而湿润的气候条件，冬季需在中温温室越冬，盛夏季节需适当遮荫防护，如山茶花、米兰、桃叶珊瑚等。

4. **暖温带观赏植物**——在长江流域及其以南地区均可露地自然越冬，北方需进入低温温室越冬，如杜鹃花、栀子花等。

5. **温带观赏植物**——在黄河流域及其以南地区均可露地栽培，在北方地区可在人工保护下露地越冬，如月季、牡丹、石榴、碧桃等。

6. **亚寒带观赏植物**——在北方可露地自然越冬，如紫薇、丁香、榆叶梅、连翘等。

7. **亚高山观赏植物**——大多原产于亚热带和暖温带地区，但多生长在海拔2000m以上的高山上。因此，既不耐暑热，也怕严寒，如倒挂金钟、龙胆、绿绒蒿等。

8. **热带及亚热带沙生植物**——喜充足的阳光、夏季高温而又干燥的环境条件，常作温室花卉栽培，如芦荟、仙人掌等。

9. **温带和亚寒带沙生植物**——多分布于北部和西北部的半荒漠中，可在全国各地露地越冬，但不能忍受南方多雨的环境条件，如沙拐枣、麻黄等。

（五）依栽培方式分类

1. **露地观赏植物**——在自然条件下就能完成全部生长过程的植物，如万寿菊、矮牵牛、紫茉莉等。

2. **温室观赏植物**——原产于热带、亚热带温暖地区的观赏植物，引种于北方寒冷地区栽培，在冬季需要在温室内保护越冬，如仙客来、瓜叶菊、蝴蝶兰等。

五、园林植物的繁殖方式

正确的繁殖方法是园林植物栽培的关键。采用正确的繁殖方法，在适宜的时间繁殖，不仅可以提高繁殖系数，而且可以促进幼苗健壮生长。园林植物的繁殖方法很多，主要分为有性繁殖和无性繁殖两大类。

（一）园林植物的有性繁殖

有性繁殖（又称种子繁殖或实生繁殖）是用植物的种子进行播种，通过一定的培育过程得到新植株的方法。

植物种子细小质轻，采收、贮藏、包装、运输和播种均较方便，在较短期内可获得大量幼苗，且实生苗根系发达，生长势旺盛，寿命长，对环境适应能力强。但是用种子繁殖的植株易产生遗传性分离，往往会失去原有的优良品质或特性。

有性繁殖应用范围很广，主要用于木本植物、一二年生花卉、部分宿根花卉和球根花卉。

1. 播种前的种子处理：包括种子贮藏、种子消毒、种子催芽等。

2. 播种时期：根据各种植物的生物学特性及应用目的，结合播种的环境条件，可选用春季播种、秋季播种、周年播种或随采随播。

3．播种方法：撒播、条播、点播。

4．播种后的管理：浇水、覆盖、间苗、施肥。

（二）园林植物的无性繁殖

无性繁殖（又称营养繁殖）是利用植物营养器官（根、茎、叶）的再生能力，通过分株、压条、扦插、嫁接等人工措施，培育新植株的方法。

无性繁殖苗的个体发育阶段是建立在所用植物器官或供繁殖部分的发育阶段基础之上，所以不需经历实生苗所必须经历的初期阶段，因而比播种繁殖成苗快，开花结果早，遗传变异性小，一般都能保持母本的优良特性。

无性繁殖适用于一些不易产生种子和观赏价值较高的珍贵植物品种。具体方法主要有以下五种：

1．**分生繁殖**：是最简单可靠的繁殖方法。具有成活率高、成苗快、开花早的特点，但繁殖系数低。分生繁殖依植物种类不同，可分为分株法和分球法。

2．**压条繁殖**：是利用植物枝干的生根能力，将母株的枝条压入土中或用培养土等包裹使其生根，然后再与母株割离形成独立植株的方法。此法适用于一些茎节容易发根且扦插不易成活的木本观赏植物。具体方法分为普通压条法、堆土压条法和空中压条法。

3．**扦插繁殖**：是利用植物营养器官能产生不定芽和不定根的特性，将根、茎、叶、芽的一部分或全部作为插穗，插入土壤、河沙、蛭石等基质中，在适宜的环境条件下，使其生根、发芽，形成一个完整独立的新植株。扦插繁殖方法具有繁殖材料充足，产苗量大，成苗快，开花早，能保持植物固有的优良品种特性等优点；但扦插苗根系发育较弱，寿命较短。

4．**嫁接繁殖**：是将优良母体的枝或芽嫁接到遗传特性不同的砧木上，使其愈合生长成新植株的繁殖方式。被取用的枝或芽称为接穗，承受接穗的部分称为砧木。

嫁接繁殖具有成苗快、开花早、能保持接穗原品种优良性状、提高对不良环境条件的适应能力等优点。嫁接繁殖适用于扦插或压条不易成活的种类，以及不产生种子或在当地种子不能成熟的珍贵品种。具体方法有枝接、芽接、根接及仙人掌类的平接和劈接等。

5．**组织培养**：又称为离体培养或试管培养，是指在无菌条件下，将离体的植物器官、组织、细胞以及原生质体，培养在人工配制的培养基上，给以适合其生长、发育的条件，使之分生出新植株的繁殖方式。

植物组织培养的具体过程：培养基的制备、培养材料的选取、接种、培养、移栽。

六、园林植物的配置方式

所谓配置方式，是指园林植物搭配的样式。园林植物的配置方式，分规则式和自然式两大类。前者整齐、严谨，具有一定的种植株行距，且按固定的方式排列；后者自然、灵活，参差有致，没有一定的株行距和固定的排列方式。

（一）规则式配置方式

1．**孤植**——在重要的位置，如建筑物的正门、广场的中央、轴线的交点等重要地点，可种植树形整齐、轮廓端正、生长缓慢、四季常青的观赏树木。在北方可用松、柏、云杉等，在南方可用雪松、香樟、桂花等。

2．**对植**——在进出口、建筑物前等处，在其轴线的左右，相对地栽植同种、同形的树木，使之相对称。对植之树种，要求外形整齐美观，树体大小一致，常用的有龙柏、桧柏、海桐、桂花、罗汉松、龙爪槐等。

3．**列植**——是将同形同种的树木按一定的株行距排列种植（单行或双行，亦可为多行）。如果间隔狭窄，树木排列很密，能起到遮蔽后方的效果；如果树冠相接，则树列的密闭性更大；也可以等距离反复种植异形或异种树，使之产生韵律感。列植多用于行道树、绿篱、林带及水渠边种植等。

4．**正方形栽植**——按方格网在交点种植树木，株行距相等。优点是透光、通风性好，便于管理和机械操作；缺点是幼龄树苗易受干旱、霜冻、日灼及风害，且易造成树冠密接，一般园林绿地中极少应用。

5．**三角形种植**——株行距按等边式或等腰三角形排列。此法可经济利用土地，但通风透光较差，不利机械化操作。

6．**长方形栽植**——为正方形栽植的一般变形，它的行距大于株距。长方形栽植兼有正方形和三角形两种栽植方式的优点，并避免了它们的缺点，是一种较好的栽植方式。

7．**环植**——这是按一定株距把树木栽为圆环的一种方式，有时仅有一个圆环，甚至半个圆环，有时则有多重圆环。

8．**花样栽植**——像西洋庭园常见的花坛那样，构成装饰花样的图形。

（二）自然式配置方式

1．**孤植**——孤植树主要是表现树木的个体美，其园林功能有两个，一是单纯为观赏，二是庇荫与观赏结合。孤植树的构图位置应该十分突出，体形要巨大，树冠轮廓要富于变化，树姿要优美，开花要繁茂，香味要浓郁或叶色具有丰富季相变化。许多树种可以用作孤植树，如雪松、白皮松、香樟、广玉兰、银杏、鸡爪槭、红枫等。

2．**丛植**——系由2～10株乔木组成，若加入灌木，总数最多可达数十株。树丛的组合主要考虑群体美，但其单株植物的选择条件与孤植树相似。

树丛在功能和配置上与孤植树基本相似，但其观赏效果要比孤植树更为突出。作为纯观赏性或诱导树丛，可以用两种以上的乔木搭配栽植，或乔灌木混合配植，亦可同山石、花卉相结合。庇荫用的树丛，以采用树种相同、树冠开展的高大乔木为宜，一般不用灌木配合。

丛植配置的基本形式为三株配合，最好采用姿态大小有差异的同一树种，栽植忌三株在同一线上或成等边三角形。三株的距离都不要相等，一般最大和最小的要靠近一些成为一组，中等大小的远离一些另为一组。如果是采用不同树种，最好同为常绿或同为落叶，或同为乔木，或同为灌木，其中大的和中等的应同为一种。

3．**群植**——系由十多株以上，七八十株以下的乔灌木组成树木群体。这主要是表现群体美，因而对单株要求不严格，树种也不宜过多。

树群在园林功能和配置上与树丛类同。不同之处是树群属于多层结构，须从整体上来考虑生物学与美观的问题，同时要考虑每株树在人工群体中的生态环境。

树群中不允许有园路穿过，其任何方向上的断面，其林冠线应该是起伏错落的，水平轮廓要有丰富的曲折变化，树木的间距要疏密有度。

4．**林植**——是较大规模成片成带的树林状的种植方式。园林中的林带与片林种植，方式上可较整齐，有规则，但比之于真正的森林，仍可略为灵活自然，做到因地制宜。并应在防护功能之外，着重注意在树种选择和搭配时考虑到美观和符合园林的实际需要。

园林植物按性状与用途分类

园林植物的分类方式很多，在前面"园林植物学基础知识"里已作介绍。本书对园林植物的分类，综合了"依生物学特性和生长习性分类"和"依园林用途分类"的优点，注重园林植物在景观中的实际应用，以便于园林工作者在进行植物配置和室内装饰时选择合宜的植物，恰到好处地发挥每一种植物的作用。

园林植物类型划分一览表

针叶树类	常绿	乔木型	常绿针叶乔木	⋯⋯⋯⋯⋯类型01
		灌木型	常绿针叶灌木	
	落叶	乔木型	落叶针叶乔木	⋯⋯⋯⋯⋯类型02
阔叶树类	常绿	乔木型	常绿阔叶乔木	⋯⋯⋯⋯⋯类型03
		小乔木型	常绿阔叶小乔木	⋯⋯⋯⋯⋯类型04
		灌木型	常绿阔叶灌木	
	落叶	乔木型	落叶阔叶乔木	⋯⋯⋯⋯⋯类型05
		小乔木型	落叶阔叶小乔木	⋯⋯⋯⋯⋯类型06
		灌木型	落叶阔叶灌木	⋯⋯⋯⋯⋯类型07
木质藤本及匍匐植物	常绿	常绿藤本与匍匐植物		⋯⋯⋯⋯⋯类型08
	落叶	落叶藤本与匍匐植物		⋯⋯⋯⋯⋯类型09
特型植物	包括苏铁科、棕榈科、龙舌兰科等科的植物			⋯⋯⋯⋯⋯类型10
观赏竹类	包括单轴散生、合轴丛生、复轴混生型竹种			⋯⋯⋯⋯⋯类型11
水生植物	包括水生、湿生和沼生植物			⋯⋯⋯⋯⋯类型12
草本植物	一二年生花卉			⋯⋯⋯⋯⋯类型13-1
	多年生宿根花卉			⋯⋯⋯⋯⋯类型13-2
	多年生球根花卉			⋯⋯⋯⋯⋯类型13-3
	多年生常绿草本			⋯⋯⋯⋯⋯类型13-4
	多年生草坪草			⋯⋯⋯⋯⋯类型13-5
温室植物	室内观叶植物			⋯⋯⋯⋯⋯类型14
	室内观花植物			⋯⋯⋯⋯⋯类型15
	室内观果植物			⋯⋯⋯⋯⋯类型16

01

常绿针叶乔木与灌木

在植物学分类中，根据植物叶片形状的不同，分为针叶树和阔叶树两大类；松科、杉科、柏科等裸子植物皆属于针叶树类。在针叶树里又有不同的类型，根据其冬季是否落叶，分为常绿针叶树和落叶针叶树；依据其成年树的高度，又分为乔木型和灌木型。由于有些品种在原产地是乔木型（如日本五针松、洒金千头柏等），而引种于异地之后，经嫁接或扦插、修剪整形而成为了灌木型，且自然灌木型针叶树数量少，故本书将常绿针叶乔木和常绿针叶灌木合在一起作介绍。

雪　松

◎**学名：** *Cedrus deodara* (Roxb.) Loud.

◎**别名：** 喜马拉雅杉

◎**科属：** 松科·雪松属

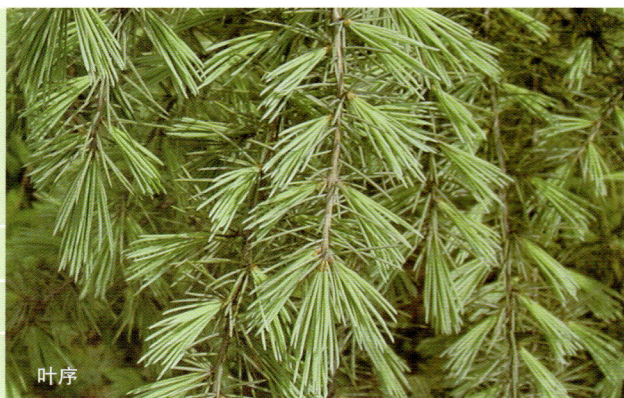
叶序

形态： 常绿大乔木，在原产地高达 50~60m，胸径达 3m。树冠塔形，树皮灰褐色，裂成鳞片，老时剥落。枝叶浓密，大枝不规则轮生、平展，小枝微下垂，具长短枝。叶在长枝上为螺旋状散生，在短枝上簇生；叶针形，坚硬，先端尖细，叶色淡绿至蓝绿，叶横切面呈三角形。雌雄异株，稀同株，花单生于枝顶；10~11 月开花，雄球花比雌球花早 10 天左右；球果翌年 10 月成熟，椭圆至椭圆状卵形，成熟后种鳞与种子同时散落，种子具翅。

习性： 阳性树种，喜温暖湿润的环境，有一定的耐寒、耐荫能力；土壤适应性广，能生长于微酸性至微碱性土壤，忌低洼积水；浅根性，抗风力不强；抗病虫害能力较强，对有毒气体的抗性较弱。

分布： 原产于喜马拉雅山西部至印度海拔 1300~3300m 的地区，我国于 1920 年引种栽培，现广泛栽培于南北各地园林中。

繁殖： 常用播种、扦插繁殖。

应用： 雪松主干耸立，侧枝平展，叶茂色翠，姿态雄伟，与金钱松、日本金松、南洋杉、北美红杉合称为世界著名五大公园树种。宜孤植于花坛中央、对植于建筑大门两侧、丛植于草坪边缘或列植于公园内道路两旁；且因具有较强的防尘、减低噪音和杀菌能力，也适宜于工矿企业绿化。以露地栽培为主，小树也可盆栽，用作圣诞树等。

◀ 球果

雪景

日本五针松

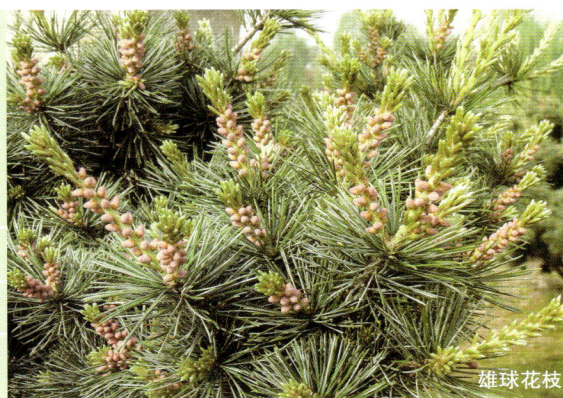

雄球花枝

◎学名：*Pinus parviflora* Sieb.et Zucc.

◎别名：五针松　五须松　姬小松

◎科属：松科·松属

球果枝

雪松枝叶　　　　　五针松枝叶

形态： 常绿乔木，在原产地高达 25~30m，胸径约 1.5m。树皮灰褐色，老干有不规则鳞片状剥裂，内皮赤褐色。冬芽长椭圆形，黄褐色；叶短，五针一束。花期 4~5 月，雌雄同株；球果椭圆形，长 4~7cm，翌年 10~11 月成熟，种子有翅。

习性： 温带阳性树种，稍耐荫；喜深厚肥沃、排水良好的土壤；忌湿畏热，生长速度缓慢，且嫁接后成为灌木状。

分布： 原产于日本，我国长江流域各城市园林多有引种栽培。

繁殖： 常用播种、嫁接繁殖。

应用： 五针松干苍枝劲，翠叶葱茏，秀枝疏展，偃盖如画，是制作盆景、配置景点的珍贵材料。可孤植为中心树或作为主景树列植于园路两旁，也可种植于庭园或花坛，与山石、红枫、竹、梅相配更为合宜。

公园丛植

庭院配景

盆景

黑 松

庭院配景

◎**学名**：*Pinus thunbergii* Parl.

◎**别名**：日本黑松　白芽松　海风松

◎**科属**：松科·松属

形态：常绿大乔木，在原产地高达 30~35m，胸径达 2m。树皮灰黑色，不规则鳞片状剥落；枝条横展，老枝略下垂，小枝橙黄色；冬芽银白色。叶短而硬，二针一束，叶色深绿，长8~13cm。花期 4~5 月，雌雄同株；种熟期翌年 10 月，球果圆锥状至卵圆形，栗褐色；种子倒卵状椭圆形，种翅灰褐色，翅长 1.5~1.8cm。

习性：阳性树种，喜温暖湿润的海洋性气候，抗风、抗海雾能力强；耐干旱瘠薄，在荒山、荒地、河滩、海岸都能适应。

分布：原产于日本及朝鲜。我国辽东半岛、山东、江苏、浙江等沿海地区有栽培。

繁殖：常用播种繁殖。

应用：黑松为著名海岸、湖滨绿化树种，可用作防风、防潮、防沙林带及海滨浴场附近的风景林、行道树或庭荫树；亦可孤植或丛植于庭院、游园、广场角落，点缀园景；还可用作嫁接日本五针松的砧木。

识别要点：冬芽银白色

雄球花与雌球果

公园组景

湿地松

◎学名：*Pinus elliottii* Engelm.

◎别名：美国松

◎科属：松科·松属

形态：常绿大乔木，在原产地高达 30~35m，胸径达 2m。树干通直，树皮灰褐色，纵裂成鳞状块片剥落；小枝粗壮，每年生长 3~4 轮；冬芽圆柱状，红褐色，粗壮，无树脂。针叶二针一束和三针一束并存，深绿色，腹背两面均有气孔线，边缘有细锯齿。4~5 月开花，雌雄同株；翌年 10~11 月果熟，种子卵圆，具三棱。

习性：阳性树种，喜温暖湿润气候；主侧根均发达，抗风力强，在低洼沼泽地边缘生长旺盛；不耐荫，较耐旱，在贫瘠的低山丘陵也可正常生长；抗病虫害能力较强。

分布：原产于美国南部暖热潮湿的低海拔地区，我国北起山东平邑，南达海南岛的陵水县，东自台湾，西至成都的广大地区均表现良好。

繁殖：常用播种或扦插繁殖。

应用：湿地松树干通直挺拔，针叶青翠葱茏，宜配植于山间坡地、溪地池畔，可丛植、片植作庇荫或背景树，列植为行道树，也适宜于庭院观赏、草地孤植，是长江以南园林和自然风景区绿化的优良树种。

公园群植

球果枝

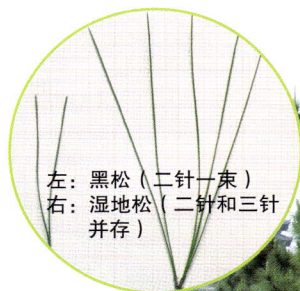
左：黑松（二针一束）
右：湿地松（二针和三针并存）

新梢与幼果

公园列植

马尾松

◎学名：*Pinus massoniana* Lamb.

◎别名：青松　丛松

◎科属：松科·松属

幼树形态

雄球花

形态： 常绿大乔木，高达 35~45m，胸径达 2.5m。树冠塔形或广卵形，树皮红褐色，不规则鳞片状开裂；幼枝轮生，每年只生一轮，稀 2 轮；冬芽红褐色。叶二针一束，细长淡翠，叶鞘宿存。4 月开花，雌雄同株，单性；雄球花绕聚小枝四周，雌球花顶生枝端；球果翌年 10 月成熟，长卵至卵形，种鳞鳞盾扁平，上微凹，无刺，种子翅长 1.5cm。

习性： 强阳性树种，喜光，不耐荫；深根性，耐干旱瘠薄，畏水湿；在沙质酸性土壤生长良好；虫害较严重。

分布： 为我国亚热带地区乡土树种，中南部各省均有分布，垂直分布于海拔 800m 以下。

繁殖： 常用播种繁殖。

应用： 马尾松为亚热带地区荒山造林的先锋树种；也可用于园林群植成林或孤植、丛植于庭前、亭旁、假山之巅，并配以翠竹、红梅、牡丹，则松涛起伏，红霞灿然，诗情画意跃然眼前。马尾松的雄花粉为天然的营养品，可加工成粉剂、片剂、松花酒等，食之有强身健体之功效。

白皮松

◎学名：*Pinus bungeana* Zucc. et Endl.

◎别名：白骨松　虎皮松　蛇皮松

◎科属：松科·松属

形态： 常绿大乔木，高达 30m，树冠阔圆锥形。树皮淡灰绿色或粉白色，呈不规则鳞片状剥落。当年生小枝灰绿色，无毛，大枝自近地面处斜出。叶三针一束，长 5~10cm，粗硬，叶鞘早落。花期 4~5 月，雄球花生于当年新枝下部，雌球花生于新枝近顶部。球果圆锥状卵形，长 5~7cm，鳞盾肥厚，鳞脐背生，有刺；翌年 9~11 月成熟，种子具短翅，易脱落。

习性： 阳性树种，喜光及凉爽干燥气候，幼时稍耐荫，较耐寒；深根性，不耐湿，喜生于排水良好的湿润土壤上，在中性、酸性及石灰性土壤均能生长；对二氧化碳及烟尘的抗性强；生长缓慢，寿命长。

分布： 分布于我国华北及西北地区，长江流域地区园林中也有栽培应用。

繁殖： 采用播种繁殖。

应用： 白皮松树形雄伟壮观，干皮呈斑驳状的乳白色，极其醒目，衬以青翠树冠，独具奇观，自古以来即配植于宫庭、寺院以及名园与墓地之中，宜孤植、对植，亦可群植成林或列植成行，为城市园林绿化的珍贵观赏树种。

树干

雄球花

日本冷杉

◎学名：*Abies firma* Sieb.et Zucc.

◎科属：松科·冷杉属

新梢枝叶

公园丛植

形态： 常绿乔木，在原产地高达50m，胸径约3m。树冠幼时尖塔形，老树则为广卵状圆形。树皮粗糙或裂成鳞片状；叶条形，先端成二叉状，中脉向下微凹。球果圆筒形，长12~15cm，径5cm，苞鳞外露，先端有三角状尖头。

习性： 中性，喜光又耐荫，幼苗尤甚。喜凉爽、湿润气候，对烟害抗性弱，生长速度中等，寿命较长。

分布： 原产日本，我国大连、北京、青岛、南京、杭州、庐山、台湾等地有引种栽培。

繁殖： 以播种繁殖为主。

应用： 日本冷杉树干挺拔，树形优美，枝叶秀丽可观，适于公园、陵园、广场、甬道之旁成行配植，或在草坪、林缘及疏林空地中成群栽植，极为葱郁优美，若在其老树之下点缀山石和观叶灌木，则更收到形、色俱佳之景。其材质轻松，纹理直，易于加工，是建筑、家具、造纸的优良材料，也可供枕木、电柱、板材等用材。

春季枝叶

杉　木

◎学名：*Cunninghamia lanceolata* (Lamb.)Hook.

◎别名：杉　杉树　刺杉

◎科属：杉科·杉属

雄球花枝

杉木林景观

形态： 常绿乔木，高可达30m。干通直，树冠尖塔形；树皮灰褐色，纵裂成薄片，内皮红褐色。枝轮生，平展或稍下垂；嫩枝绿色，具角棱，老枝黄褐色。叶线状披针形，质硬，螺旋状着生，排成假二列状，顶端锐尖，边缘有细锯齿。花期4~5月，雄球花簇生枝顶，具总苞状鳞片；雌球花单生或簇生枝端，球形，紫红色。球果卵圆形，10~11月成熟，种子扁形，深褐色，具窄翅。

习性： 阳性，喜光稍耐荫；喜温暖湿润气候，稍耐寒；深根性，适应性强，为亚热带地区低山丘陵造林先锋树种。

分布： 我国秦岭淮河一线以南均有分布。

繁殖： 主要采用播种繁殖。

应用： 杉木树干端直，枝叶茂盛，四季常绿，宜在公园边缘群植作背景树。其材质轻软，有香味，易加工，为制作家具的上好木材。

柳 杉

雄球花枝

◎学名：*Cryptomeria fortunei* Hooibrenk ex Otto et Dietr.

◎别名：长叶孔雀松

◎科属：杉科·柳杉属

球果枝

枝叶

形态：常绿大乔木，高达 30~40m，胸径约 2m。树冠圆锥形，树皮赤棕色，纤维状裂成长条片剥落。大枝斜展或平展，小枝常下垂，绿色；叶钻形，叶端内曲。雄球花黄色，雌球花淡绿色，花期 4 月；球果 10~11 月成熟，深褐色，种鳞 20 枚左右，苞鳞尖头短。

习性：阳性树种，喜温凉湿润气候，怕夏季酷热干燥；浅根性，主根不发达，抗风力较弱；速生，寿命长，数百年大树极为常见。

分布：分布于长江流域及以南各省区，东部垂直分布于 1000~1400m，西部达 2000~2400m。

繁殖：常用播种、扦插繁殖。

应用：柳杉树形高大，树姿挺秀，通常丛植于草坪、林边、谷地、溪旁，以供蔽荫及防风之用，也可列植于园路两旁或孤植于花坛、前庭作中心树；在日本常列植作为树篱，风格独具。

大树形态

春季枝叶

台湾杉

◎学名：*Taiwania cryptomerioides* Hayata

◎别名：秃杉

◎科属：杉科·台湾杉属

公园列植

形态：常绿乔木，高达 40m，胸径达 2m。树冠圆锥形，树皮淡灰褐色，裂成不规则长条形；大枝平展或下垂，小枝下垂。大树之叶四棱状钻形，排列紧密，直或上端微弯，先端尖或钝；幼树及萌枝叶钻形，两侧扁平，直伸或稍向内弯曲，先端锐尖。球花单性同株，雄球花簇生于小枝顶端，雌球花单生于枝顶，无苞鳞，花期 4 月。球果圆柱形或长椭圆形，熟时褐色，种子长椭圆形或倒卵形，两侧边缘具翅，果熟期 10~11 月。

习性：中性树种，喜光，幼树稍耐荫；喜温暖湿润气候，土壤适应性较强；浅根性，侧根和须根发达，多集中于 80cm 的土层中；生长迅速，主干发达，寿命长。

分布：台湾杉为我国特有树种，著名的第三纪孑遗植物，国家一级保护植物。由于第四纪冰川的影响，现仅存于湖南、湖北、四川、贵州、云南及台湾局部地区。

繁殖：主要采用种子和扦插繁殖。。

应用：台湾杉树形优美，四季翠绿，枝条韧性强，挡风效果好，适用于公园、庭院绿化，孤植、列植、丛植、群植均相宜。

东方杉

◎学名：*Taxodium mucronatum × Cryptomeria fortunei*
◎科属：杉科·落羽杉属

形态：为同科异属的柳杉与墨西哥落羽杉的杂交种，被称为树木中的"狮虎兽"。半常绿高大乔木，外形与母本墨西哥落羽杉相似，但有些性状表现出父本柳杉的明显特征：树干基部圆整，无板根；树皮有明显的横裂；树干5~8m处常有分杈；未见雌球果，需依靠人工无性繁殖取得种源。

习性：阳性树种，喜光稍耐荫，喜温暖湿润气候；适应性强，既耐干旱又耐水湿，稍耐盐碱；深根性，抗风力强；生长速度快，生长量显著大于水杉、池杉和落羽杉。

分布：东方杉的母本（墨西哥落羽杉）原产墨西哥及美国等地，父本（柳杉）原产我国长江流域等地。现在江苏、上海、浙江等地有栽培应用。

繁殖：主要采用扦插繁殖。

应用：东方杉树形优美，枝条韧性强，挡风、抗风效果明显，适用于沿海防护林营造、盐碱地绿化、水湿地造林、江河堤岸林带建设，也是园林造景和厂区绿化的优良树种。其落叶期在1月中旬至3月上旬，景观效果优于落羽杉等杉科树种。

大树形态

春季枝叶

红豆杉

红豆杉种子

◎学名：*Taxus chinensis* (Pilger) Rehd.
◎科属：红豆杉科·红豆杉属

形态：常绿大乔木，高达25~30m。叶螺旋状互生，叶缘微反曲；种子扁卵圆形，种脐卵圆形；假种皮杯状，红色。

习性：中性树种，喜光稍耐荫；幼苗期生长缓慢，4~5年后明显加快；喜湿润而排水良好的土壤，较耐寒，耐潮湿，忌酷热干燥。

分布：我国特有种，分布于陕西南部、甘肃南部、安徽南部、浙江南部、湖北西部、湖南东南部、广西北部以及西南地区。

繁殖：常用播种繁殖，亦可在雨季用当年生枝扦插繁殖。

应用：红豆杉树体高大，树形端正，可孤植、丛植或列植，也可修剪成各种雕塑样式，是优良的园林观赏树木。

扦插苗

枝叶

罗汉松

雄球花枝

◎**学名：** *Podocarpus macrophyllus* (Thunb.)D.Don

◎**别名：** 罗汉杉　土杉

◎**科属：** 罗汉松科·罗汉松属

罗汉松球

形态： 常绿乔木，高达 15~20m。树冠广卵形，树皮灰色，浅裂；枝较短，开展，密生。叶线状披针形，螺旋状散生，先端渐尖，基部楔形，有短柄，上下两面有明显的中脉。花期 4~5 月，种熟期 10~11 月；种子广卵形或球形，全部为肉质假种皮所包，生于肉质种托上，成熟时深红或紫色，被白粉。因其种子形态似"罗汉"而得名。

习性： 中性树种，喜光又较耐荫；喜排水良好的砂质土壤，叶耐潮湿，在海边也可良好生长；耐寒性较弱，在华北只能盆栽；抗病虫害能力较强，对多种有毒气体有一定的抗性。

分布： 原产于华东、华南、西南等省区，在长江以南各省均有栽培，日本也有分布；垂直分布于海拔 1000m 以下。

繁殖： 常用播种、扦插或嫁接繁殖。

应用： 罗汉松枝劲叶翠，树形优美，宜孤植、对植于厅堂之前作庭荫树，或群植、丛植于草坪边缘和山石坡地树丛林缘边，也宜用作海岸防护林；矮化和斑叶品种是制作盆景的好材料。

公园孤植

▶ 罗汉松种子

▼ 造型罗汉松

柏　木

◎学名：*Cupressus funebris* Endl.
◎别名：香扁柏　垂丝柏　扫帚柏
◎科属：柏科·柏木属

果枝

大树形态

形态：常绿大乔木，高达 25~35m，胸径达 2m。树皮淡褐灰色，大枝平展，小枝细长下垂。生鳞叶的小枝扁平，排成一平面，两面同形，均为绿色。鳞叶先端锐尖，中央之叶的背部有条状腺点，两侧之叶背部有棱脊。雌雄同株，球花单生枝顶，花期 4~5 月；球果翌年 5~6 月成熟，种子近圆形，两侧具窄翅，淡褐色，有光泽。

习性：阳性树种，喜光，稍耐侧方庇荫；喜温暖湿润气候，亦较耐寒；土壤适应性强，在中性、微酸性及钙质土上皆能生长，是中亚热带石灰岩山地钙质土的指示性植物；主根、侧根均发达，既能生于岩缝中，极耐干旱瘠薄，又可植于水边坡地，稍耐水湿；天然下种更新能力强，生长速度中等，寿命很长。

分布：分布很广，以四川、湖北、贵州最为常见；现华北以南各地广为栽培。

繁殖：以播种为主，也可扦插繁殖。

应用：柏木树干高大，树姿秀丽清幽，尤其是古树，饱经风霜仍苍翠挺拔，自古以来普遍栽培观赏。宜丛植于山坡地、林缘、草坪角隅、陵园、甬道及纪念性建筑物四周，或对植于门庭两侧、列植于入口通道两旁。

北美香柏

◎学名：*Thuja occidentalis* Linn.
◎别名：香柏　美国侧柏　黄心柏木
◎科属：柏科·崖柏属

球果枝

小树形态

形态：常绿乔木，在原产地高达 20m。树皮红褐色或灰褐色；枝开展，树冠塔形。分枝短，小枝扁；小枝上面之叶深绿色，下面之叶淡黄绿色，鳞叶长 1.5~3.0mm；两侧鳞叶先端尖而内弯；中间鳞叶明显隆起，背面有透明的圆形腺点；鳞叶揉碎时有香气。花期 4~5 月，球果长椭圆形，当年 10~11 月成熟，长 8~13mm，种鳞 4~5 对，仅基部 2~3 对发育，各有 1~2 枚种子。

习性：阳性树种，喜光，幼树稍耐荫，较耐寒；耐水湿，耐瘠薄，适生于土层深厚、质地疏松而含石灰质的湿润地；浅根性，侧根发达，生长缓慢，寿命长；抗烟尘和有毒气体能力强。

分布：原产于北美洲东部，我国青岛、南京、上海、杭州、宁波、南昌、庐山等地有引种栽培，北京可以露地越冬。

繁殖：常用播种或扦插繁殖。

应用：北美香柏树冠整齐优美，枝叶四季翠绿，可孤植、列植于公园、广场等处，或丛植于草坪一角，小苗亦适合用作绿篱。

侧 柏

◎学名：*Platycladus orientalis* (Linn.) Franco
◎别名：扁柏　扁桧　柏树
◎科属：柏科·侧柏属

侧柏果枝

洒金千头柏枝叶

洒金千头柏公园丛植

形态：常绿大乔木，高达 20~25m。树冠广圆形；树皮薄，浅褐色，薄片状剥离。叶枝直展，扁平，两面同形；鳞叶长 1~3mm，先端微钝。雌雄同株，球花单生枝顶，花期 3~4 月；球果卵圆形，果期 10~11月；种子椭圆形或卵形，无翅，顶端有短膜，侧面微有棱角。
常用栽培品种有：
洒金千头柏 *cv.Aurea* Nana　常绿灌木，矮生密丛，树冠圆球形至圆卵形；大枝斜出，小枝扁平；叶黄绿色，入冬略转褐绿色。

习性：阳性树种，喜光，幼树稍耐庇荫；耐干旱，较耐寒；浅根性，不耐水涝，在排水不良的低洼地易烂根死亡；喜钙树种，具抗盐性，对二氧化硫、氯气、氯化氢等有毒气体有较强抗性；寿命很长。

分布：北起内蒙古南部，南达两广北部以及西南地区；朝鲜亦有分布。

繁殖：以播种为主，也可扦插繁殖。

应用：侧柏为我国北方应用最广、栽培观赏历史最久的园林树种。常栽植于古建筑、寺庙、陵园、墓地中，可孤植、丛植、列植，小树也可作绿篱栽植。洒金千头柏色彩金黄，可布置于树丛前增加层次；长江流域及华北南部多用作绿篱或园景树以及造林等。

日本花柏

◎学名：*Chamaecyparis pisifera* (Sieb. et Zucc.) Endl.
◎科属：柏科·扁柏属

形态：常绿大乔木，在原产地高达 50m。树皮红褐色，裂成薄片，树冠尖塔形。生鳞叶小枝通常扁平，小枝背面有明显的白粉。花期 4 月，球花单生枝顶；球果 10~11 月成熟，球形，暗褐色；种鳞 5~6 对，木质，盾形，发育种鳞具 1~2 粒种子；种子卵圆形，微扁，有棱角，两侧具窄翅。
同属常用栽培种：
日本扁柏 *Chamaecyparis obtusa* (Sieb. et Zucc.) Endl. 常绿大乔木，树皮红褐色，裂成薄片。生鳞叶的小枝背面微被白粉，鳞叶肥厚。

日本花柏

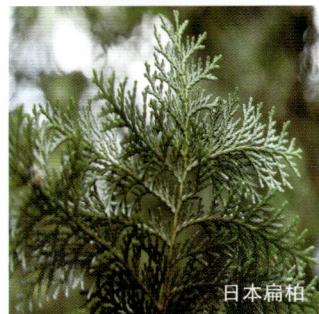
日本扁柏

习性：中性树种，喜光较耐荫，喜温暖、湿润气候；抗寒力较强，耐修剪。

分布：原产于日本，为温带及亚热带树种，我国华东、华北等地引种栽培均获成功。现各地普遍栽培，尤其是其栽培品种（线柏、绒柏、凤尾柏等）。

繁殖：常用播种或扦插繁殖。

应用：日本花柏品种繁多，各具特色。其树形优美，枝叶细柔，交错丛植于草坪、山坡，点缀以观叶灌木，则错落有致，相衬成趣。于通道、房前屋后列植，愈见雄伟之气魄。在不规则式林中列植成绿篱、绿墙、绿门，均甚别致。

圆　柏

◎学名：*Sabina chinensis* (Linn.) Ant.
◎别名：红心柏　珍珠柏
◎科属：柏科·圆柏属

识别要点：鳞形叶与刺形叶混生

形态： 常绿乔木，高达15~20m。枝常向上直展，树冠幼时尖塔形、老树则成广卵形。叶两型：幼树或基部萌蘖枝上多为刺形叶，老树多为鳞形叶，交互对生，紧密贴生于小枝上。花期4月，雌雄异株；球果近圆形，暗褐色，被白粉，翌年10~11月成熟，种子卵圆形，有棱脊。

习性： 中性树种，喜光又较耐荫；适应性广，抗寒，耐干旱瘠薄，忌水湿；在酸性、中性、钙质土壤均能生长；深根性，生长速度中等，寿命可长达千余年；对多种有毒气体有一定的抗性。

分布： 分布于我国东北南部及以南广大地区。

繁殖： 常用播种、扦插或嫁接繁殖。

应用： 圆柏树体挺拔，枝叶密集，苍翠葱郁，形态庄重，宜与宫殿式建筑相配合，或配植于陵园、甬道、园路旁，或在草坪中自然式丛植；也可用于公用建筑之庭园，常植于建筑北侧，绿化效果亦佳。

大树形态

雄球花

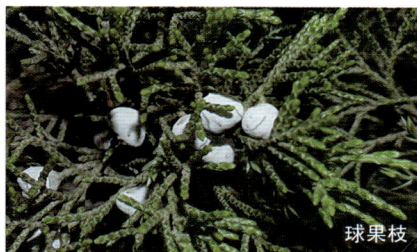
球果枝

龙　柏

◎学名：*Sabina chinensis cv. Kaizuca*
◎科属：柏科·圆柏属

春季新枝叶

形态： 圆柏的栽培品种，常绿乔木。树干通直，树冠呈狭圆锥形；树皮黑褐色，有条片状剥落。侧枝螺旋状向上抱合；叶鳞状密生，紧贴于小枝，有的植株会长出少量刺形叶。

习性： 阳性树种，喜光，稍耐荫；喜温暖湿润环境，亦耐寒；抗干旱，忌积水，排水不良时易产生落叶或生长不良；对土壤酸碱度适应性强，稍耐盐碱；对氧化硫和氯气抗性强，但对烟尘的抗性较差。

分布： 华北南部及华东地区常见栽培。

繁殖： 常用枝插繁殖或嫁接于侧柏砧木上。

应用： 龙柏侧枝扭转旋上，树体似盘龙形，姿态优美，叶色四季苍翠。宜作丛植或行列栽植，亦可整修成球形或其它形状，或用小苗栽成色块。龙柏球可作盆栽，老桩可制作盆景观赏。

▼ 龙柏丛植
▼ 龙柏造型

塔　柏

◎学名：*Sabina chinensis cv. Pyramidalis*

◎别名：蜀桧　桧柏

◎科属：柏科·圆柏属

识别要点：以刺形叶为主，少有鳞形叶

形态： 圆柏的栽培品种，常绿小乔木。树冠幼时尖塔形或圆锥形，老树则成广圆形；树皮灰褐色。枝密集向上，叶多为刺形叶，间有鳞形叶。花期4月，雌雄异株；球果翌年10~11月成熟。

习性： 中性树种，喜光又较耐荫；对气候和土壤的适应性强，深根性，侧根也很发达；对氯气、氟化氢和二氧化硫的抗性较强，能吸收一定数量的硫和汞，阻尘隔音效果良好。

分布： 分布于内蒙古南部、华北、华东至两广北部，西至四川、云南。原多栽培于四川墓地或公园内，故称蜀桧。

繁殖： 常用播种或扦插繁殖。

应用： 塔柏（蜀桧）树形优美，四季青翠，适应性强，用途较广。常用于陵园、墓地、甬道，或与宫殿式建筑相配合，在草坪绿地中数株成自然树丛栽植效果亦佳；小树还可盆栽观赏。因其常用于陵园、墓地，一般忌用于私家庭院。

▶ 塔柏（造型）

塔柏（圆锥形）

塔柏列植

铺地柏

铺地柏枝叶

◎学名：*Sabina procumbens* (Endl.)Iwata et Kusaka.

◎别名：匍地柏　爬地柏　矮桧　偃柏

◎科属：柏科·圆柏属

匍地金叶桧

铺地柏

匍地龙柏

形态： 匍匐灌木，高约80cm。枝条沿地面横向扩展，几乎不见主干。叶全为刺形，3叶交叉轮生，叶上面有两条白色气孔线，下面基部有两白色斑点，叶基下延，叶长6~8mm。雌雄异株，花期4月；球果近圆形，翌年10月成熟，内含种子2~3粒，有棱脊。

同属常用栽培品种：

匍地龙柏 *Sabina chinensis cv. Kaizuca procumbens* 系江西庐山植物园用龙柏枝扦插培育而成，贴地伏生，叶多为鳞形。

习性： 阳性树种，能在干燥的砂地上生长良好，喜石灰质的肥沃土壤，忌低湿地栽植。

分布： 原产日本，我国黄河流域以南园林中常见栽培。

繁殖： 以扦插繁殖为主。

应用： 铺地柏、匍地龙柏小枝葱茏，蜿蜒匍匐，为理想的木本地被植物。在园林中宜配置于悬崖、假山、岩缝、斜坡、湖畔或草坪边缘，各地亦常见盆栽观赏，古雅别致。

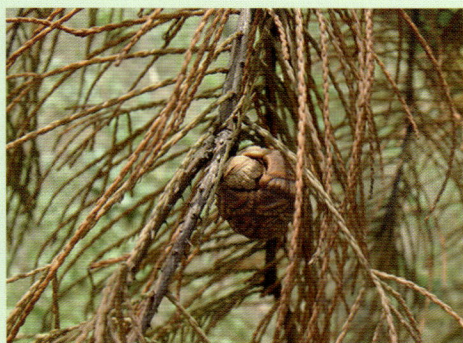

02

落叶针叶乔木

在目前园林常用植物中，落叶针叶树种比较少，且无灌木型的落叶针叶树，故本节只选择介绍5种落叶针叶乔木型树种。此类树种虽然品种不多，但在园林中都很常用，且用量很大，孤植、列植、丛植、群植皆甚相宜。除金钱松外，水杉、池杉、落羽杉、水松皆耐水湿，是低洼水湿地带绿化的重要树种。

金钱松

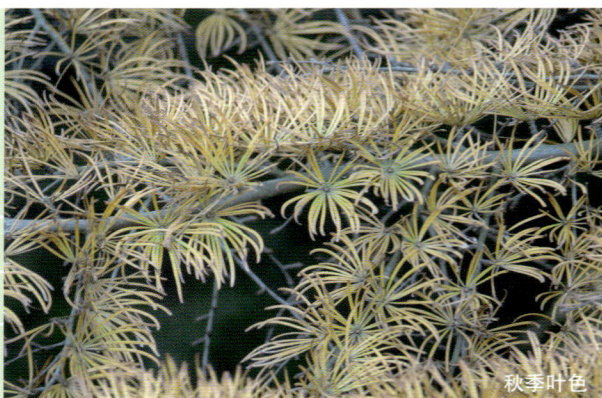

秋季叶色

◎**学名：** *Pseudolarix amabilis* (J.Nelson) Rehd.

◎**别名：** 金松

◎**科属：** 松科·金钱松属

形态： 落叶大乔木，高可达 30~40m，胸径达 2.5m。树干通直挺秀，树冠宽塔形；树皮粗糙，深裂成不规则鳞状块片。大枝不规则轮生，平展；叶在长枝上螺旋状排列，散生，在短枝上簇生状，辐射平展呈圆盘形，条形叶，柔软。雄球花簇生于短枝顶端，雌球花单生短枝顶，花期 4~5 月；球果 10~11 月成熟，直立，有短梗；种鳞卵状披针形，木质，熟时脱落；种子卵圆形，上部有宽翅。

习性： 阳性，喜光，喜温凉湿润气候；能耐短时低温，不耐干旱、盐碱与积水；深根性，抗风力强；枝条坚韧，抗雪压；抗病虫害能力较强。

分布： 产于安徽、江苏、浙江、江西、湖北、四川等地。

繁殖： 常用播种繁殖。

应用： 金钱松树姿雄伟，高雅俊秀，为珍贵的观赏树木，世界著名五大公园树种之一。因叶在短枝上簇生成圆形如铜钱，又因深秋叶色金黄，故名。可在公园内孤植、列植、丛植，或在公园边缘群植成背景树，亦可采用对称式配置。

春季叶色

花枝

球果

大树秋景

水 杉

◎学名：*Metasequoia glyptostroboides* Hu et Cheng

◎科属：杉科·水杉属

亮季叶色

公园群植

形态： 落叶大乔木，高可达30~35m，胸径达2m。树干通直，树冠圆锥形；树皮灰色或淡褐色，浅裂。大枝不规则轮生，小枝对生；叶线形，对生，排列成羽状。3~4月开花，雌雄同株；果近球形，微具四棱，有长梗，种鳞木质，先端凹缺；11月果熟，种子扁平，倒卵形或长圆形。

习性： 阳性，喜光，不耐荫；喜温暖、湿润气候，较耐寒；适应性强，耐干旱瘠薄，耐水湿；病虫害较少。

分布： 分布于四川石柱县与湖北利川县交界的水杉坝及湖南龙山等地，海拔750~1500m，为我国特有孑遗树种，国家重点保护植物之一。1948年被发现后，在国内各地广泛栽植，且国外有50多个国家引种栽培。

繁殖： 常用播种、扦插繁殖。

应用： 水杉是我国特产稀有珍贵树种，为第四纪冰川时期留存的孑遗木本植物之一。生长迅速，树姿优美，叶色秀丽，可孤植、列植、丛植或群植配置，是庭园、风景区绿化的重要树种，也是良好的造纸用材。

秋季叶色

幼果枝

池 杉

◎学名：*Taxodium ascendens* Brongn.

◎别名：池柏

◎科属：杉科·落羽杉属

池杉秋景

形态： 落叶大乔木，主干挺直，高达20~25m。树干基部膨大，常有屈膝状的呼吸根，在低湿地生长者膝根尤为显著；树冠尖塔形，树皮褐色，纵裂；大枝平展或向上斜展，侧生小枝无芽。叶锥形，略内曲，在枝上螺旋状生长，下部多贴近小枝，基部下延，先端渐尖。花期3~4月，雌雄同株；球果近圆形，10~11月成熟，种子不规则三角形，边缘有锐脊。

习性： 强阳性树种，不耐荫；喜温暖湿润环境，稍耐寒；适生于深厚疏松的酸性或微酸性土壤；耐涝，也较耐旱，不耐盐碱；枝干富韧性，抗风力强。

分布： 原产于美国东南部，我国长江流域及以南省区常有栽培。

繁殖： 常用播种、扦插繁殖。

应用： 池杉树干挺拔，形态优美，枝叶秀丽，观赏价值高。适生于水滨湿地，可在河边和低洼水网地区种植，或在园林中作孤植、列植、丛植、片植配置。

池杉耐涝

落羽杉

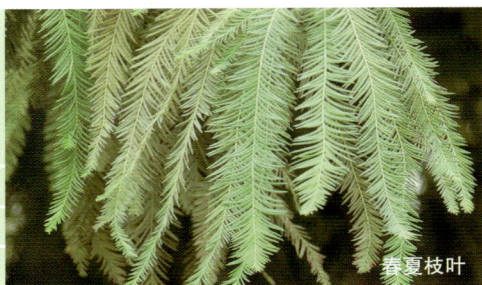
春夏枝叶

◎学名：*Taxodium distichum* (Linn.)Rich.
◎别名：落羽松
◎科属：杉科·落羽杉属

秋季枝叶

落羽杉耐涝

形态： 落叶大乔木，在原产地高达 40~50m，胸径达 3m。幼树冠呈圆锥形，老树则展开呈伞形；树干基部膨大，具屈膝状呼吸根。枝条平展，大树之小枝略下垂，一年生小枝褐色；叶细条形，扁平，先端尖，排成羽状 2 列，小叶互生。花期 5 月，球果次年 10 月成熟，呈圆球形或卵圆形，种子褐色。

习性： 强阳性树种，喜温暖湿润气候，亦较耐寒；极耐水湿，能生长于浅沼泽中；抗风能力强，寿命很长。

分布： 原产于美国东南部，我国长江流域及华南各大城市园林中常有栽培。

繁殖： 常用播种、扦插繁殖。

应用： 落羽杉树形挺秀，整齐美观，近羽毛状的叶丛极为秀丽，入秋叶变成古铜色，是良好的秋色叶树种；最适于水旁配植，具有防风护岸之效。落羽杉属与水杉、水松、巨杉、红杉同为孑遗树种。

水杉（小叶对生）　　　落羽杉（小叶互生）

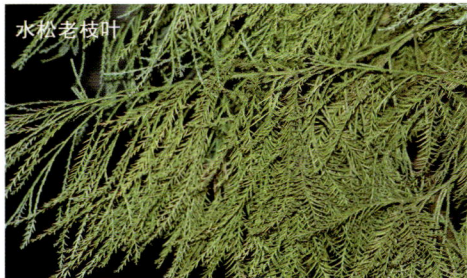
水松老枝叶

水　松

◎学名：*Glyptostrobus pensilis* (Staunt.) Koch.
◎科属：杉科·水松属

形态： 落叶或半常绿乔木，树高 10~15m，罕达 25m。树冠圆锥形，树皮呈扭状长条浅裂，干基部膨大，有屈膝状呼吸根。枝条稀疏，大枝平展或斜伸，枝绿色。叶互生，有三型：鳞形叶小，螺旋状着生主枝上，冬季宿存；在一年生短枝及萌枝上有条状钻形叶及条形叶，常排成 2~3 列之假羽状，冬季与小枝一起脱落。球花单生于枝顶，花期 1~2 月；球果倒卵形，种鳞木质，扁平，10~11 月成熟后渐脱落；种子椭圆形而微扁，褐色，基部有尾状长翅。

习性： 强阳性树种，极喜光，喜温暖湿润气候，不耐低温；根系发达，极耐水湿，在沼泽地呼吸根发达，在排水良好土壤则呼吸根不发达，干基也不膨大；土壤适应性强，惟忌盐碱土，最宜生长于富含水分的冲积土。

分布： 我国特有树种，产于福建、江西、广东、广西、四川、云南等省区，现长江流域以南各地有栽培。

繁殖： 常用种子繁殖，也可采用扦插法育苗。

应用： 水松树形美观，最宜河边、湖畔及低湿处栽植，若于湖中小岛群植数株，尤为雅致，亦可植于田埂作防风护堤之用。英国于十九世纪末从我国引种栽培，常作为庭园珍品及盆栽观赏。

水松秋景

球果

03

常绿阔叶乔木

　　在自然界植物中，阔叶树的数量最多，且其树形、高度、冠幅、叶片、花朵、果实等形态差异也最大。在植物分类上，根据阔叶树冬季是否落叶，分为常绿阔叶树和落叶阔叶树两大类；依据其成年树的干形和高度，又分为乔木型、小乔木型和灌木型。本节首先介绍常绿阔叶乔木型（有明显的主干，高度在10m以上）树种。

香 樟

◎学名：*Cinnamomum camphora* (L.)Presl
◎别名：樟树　芳樟
◎科属：樟科·樟属

识别要点：离基三出脉

形态： 常绿大乔木，高可达 30~40m，胸径达 3m。树冠卵球形，树皮灰褐色，纵裂。单叶互生，卵状椭圆形，离基三出脉，脉腋有腺体，揉之有芳香，叶背灰绿色，无毛。花期 4~5 月，圆锥花序腋生于新枝，花小，花被淡黄绿色，6 裂；雄蕊 3~4 轮，第四轮通常退化。核果球形，10~11 月成熟，熟时紫褐色，果托盘状。

习性： 阳性，喜光，幼树耐荫；喜温暖湿润气候，耐寒性差；喜深厚肥沃的酸性或中性沙壤土，不耐水涝与盐碱；抗有毒气体与烟尘污染，生命力强，寿命长；大树移栽成活率高。

分布： 分布于我国长江流域以南各省，尤以中南地区栽培最多。

繁殖： 常用播种繁殖。

应用： 香樟树冠开阔，姿态雄伟，枝叶茂密，宜作庭荫树、行道树以及营造防护林、风景林等；配植于池边、湖畔、山坡、平地，皆甚相宜。

公园孤植

幼果枝

浙江樟

◎学名：*Cinnamomum chekiangense* Nakai
◎别名：浙江桂　浙江天竺桂
◎科属：樟科·樟属

花枝

果枝

形态： 常绿乔木，高可达 20m。树皮灰褐色，平滑或呈近圆形片状剥落，全株具芳香及辛辣味。单叶互生或近对生，薄革质，长椭圆状宽披针形，离基三出脉，全缘，叶背有白粉及细毛。花期 4~5 月，圆锥状聚伞花序腋生于去年生枝上，花小，黄绿色。果期 10~11 月，核果卵形至长卵形，熟时蓝黑色，微被白粉。

习性： 阳性树种，大树较喜光，小树偏耐荫；喜温暖、湿润气候，稍耐寒；对土壤要求不严，适生于深厚、肥沃、排水良好的微酸至中性土壤；深根性，抗风力强。

分布： 分布于华东地区及湖南、湖北、河南等省。

繁殖： 常用播种繁殖。

应用： 浙江樟树冠端庄，形态优美，枝叶浓密，四季常青，为优良的绿化观赏树种，宜作庭荫树、行道树和营造风景林。

紫 楠

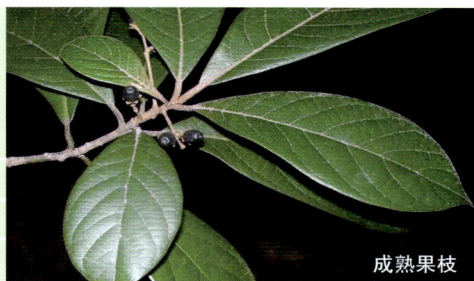
成熟果枝

◎学名：*Phoebe sheareri* (Hemsl.) Gamble
◎别名：黄心楠
◎科属：樟科·楠木属

形态： 常绿乔木，高达15m。树冠伞形，树皮灰褐色，枝叶浓密，小枝、芽及叶柄均被黄褐色柔毛。叶革质，倒卵状椭圆形，先端突短尖，下部网脉显著，灰褐色茸毛宿存不落。花期4~5月，圆锥花序腋生，花带黄色；果期9~10月，核果卵形，蓝黑色。

习性： 中性树种，喜阳亦耐荫；喜温暖、阴湿环境，耐寒力尚强，惟幼苗期易受日灼和冻伤枝叶；在土层深厚、排水良好的微酸性土壤上生长良好；深根性，生长缓慢，根部萌蘖性强。

分布： 分布于我国长江流域南部及西南部各省区。

繁殖： 常用播种繁殖，种子成熟后随采随播。

应用： 紫楠树形端庄美观，叶密荫浓，宜作庭荫树及公园绿化风景树。在草坪内孤植、丛植或在大型建筑物前后配植，显得雄伟壮观。紫楠还有较好的防风、防火、防噪音之功能，可栽作防护林带。

幼果枝

女 贞

◎学名：*Ligustrum lucidum* Ait.
◎别名：冬青　桢木　蜡树　大叶女贞
◎科属：木犀科·女贞属

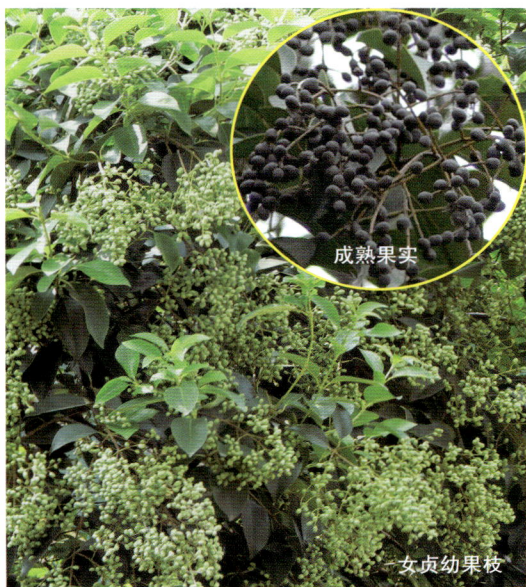
成熟果实
女贞幼果枝

形态： 常绿大乔木，高达20~25m。树皮灰色，小枝具皮孔。单叶对生，革质，卵状披针形，全缘，无毛。圆锥花序顶生，花期6~7月，花小，白色；浆果状核果近肾形，当年10~11月成熟，蓝黑色，挂果至翌年3月。

习性： 阳性，喜光，稍耐荫；喜温暖湿润气候，适应性强；根系发达，萌芽力强，耐修剪，移栽成活率高；对二氧化硫、氯气、氟化氢等有毒气体有较强的抗性。

分布： 产于我国长江流域及以南各省区，华北与西北地区也有栽培。

繁殖： 常用播种或扦插繁殖。

应用： 女贞枝叶清秀，终年常绿，夏日满树白花，宜在草坪边缘、建筑物周围、街坊绿地、庭院角隅孤植，或园路两旁列植，或作隐蔽树栽植。因其生长快，耐修剪，故可作高层绿篱配植。女贞不仅对二氧化硫抗性强，而且能吸收之，对氯化氢亦有一定抗性，并具抗烟尘污染，是公路、工矿厂区绿化的优良树种。

桂　花

◎**学名：** *Osmanthus fragrans* (Thunb.)Lour.

◎**别名：** 木犀　岩桂　八月桂　九里香

◎**科属：** 木犀科·木犀属

形态： 常绿乔木，高约 10~15m。树皮灰色，不裂；芽叠生；单叶对生，长椭圆形，革质，端急尖或渐尖，基部楔形或阔楔形，幼树或萌芽枝上的叶疏生于叶腋。花聚伞状簇生于叶腋，花期 9~10 月，花小，黄白色，浓香；核果椭圆形，紫黑色。

园林常用栽培变种有：

金桂 *var.thunbergii* Makino 花金黄色至深黄色，香气浓郁，一般不结果。

银桂 *var.latifolius* Makino 花近白色或黄白色，香气较浓，一般不结果。

丹桂 *var.aurantiacus* Makino 花橘红色或橙黄色，香味较淡，一般不结果。

四季桂 *var.semperflorens* Hort. 花黄白色，香味淡，一年多次开花，一般不结果。

习性： 阳性，喜光，稍耐荫；有一定的抗寒能力，不耐水涝与盐碱，对二氧化硫、氟化氢等有一定的抗性；有些年份可开二次花。

分布： 原产于我国西南部，现广泛栽培于长江流域各省区，华北多盆栽。

繁殖： 采用嫁接、扦插、压条或播种繁殖。

应用： 桂花主干端直，树冠圆整，四季常青，金秋时节花香诱人，是我国传统十大名花之一。在园林中常作庭荫树、园景树，孤植、对植、列植、丛植无不相宜；且对有害气体有一定的抗性，也是工矿厂区绿化的优良树种。

金桂（花枝）

银桂（花枝）

丹桂（花枝）

四季桂（花枝）

▼ 新开发桂花变型：彩叶桂

彩叶桂（花枝）

公园孤植

广玉兰

◎**学名：** *Magnolia grandiflora* Linn.

◎**别名：** 洋玉兰　荷花玉兰　大花玉兰

◎**科属：** 木兰科·木兰属

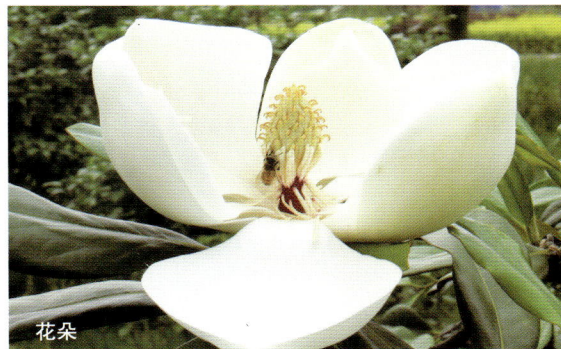

形态： 常绿大乔木，在原产地高达30m；树皮灰褐色，薄鳞片状开裂；叶片厚革质，长椭圆形；花期5~6月，花大、白色、杯形、芳香；聚合果10月成熟，种子椭圆形或卵形。

习性： 阳性，喜光，幼树耐荫，较耐寒；适生于深厚、肥沃、湿润之地，故在河岸、湖滨生长良好；不耐盐碱，具有较强的抗毒能力；根系深广，抗风力强。

分布： 原产于北美洲东部，我国长江以南各地引种栽培，生长良好。

繁殖： 采用播种、扦插、嫁接、压条等法繁殖。

应用： 广玉兰树姿端庄雄伟，绿荫浓密，花大洁白，清香宜人，为美丽的庭园观赏树种。在园林中孤植、列植、丛植皆甚相宜。

花朵

花枝

果枝

大树形态

乐昌含笑

◎学名：*Michelia chapensis* Dandy
◎科属：木兰科·含笑属

花枝

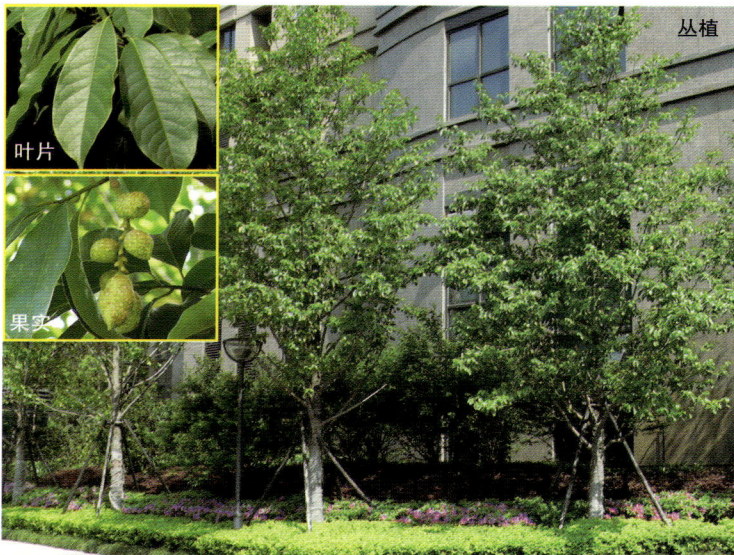
叶片
果实
丛植

形态：常绿大乔木，高达25~30m。树皮灰色至深褐色；叶薄革质，长椭圆状倒卵形，有光泽。4~5月开花，淡黄色，具芳香；聚合果长圆形，9~10月种熟。

习性：阳性，喜光，苗期喜荫；喜温暖湿润的气候，亦较耐寒；喜排水良好的酸性至微碱性土壤，能耐地下水位较高的环境，在过于干燥的土壤生长不良。

分布：原产于江西、湖南、广东、广西、贵州等地。

繁殖：常用播种繁殖。

应用：乐昌含笑树干挺拔，树荫浓郁，四季翠绿，花香宜人；可孤植或丛植于园林中，亦可列植作行道树，是优良的四旁绿化树种。

花枝

深山含笑

◎学名：*Michelia maudiae* Dunn
◎科属：木兰科·含笑属

形态：常绿大乔木，高达20~25m，全株无毛。叶宽椭圆形，叶面深绿色，叶背有白粉，中脉隆起，网脉明显。花大，直径10~12cm，白色、芳香，花被9片，花期3~4月。聚合果，长7~15cm，果熟期9~10月。

习性：阳性树种，喜光，幼树稍耐荫；喜温暖湿润气候，有一定耐寒能力；根系发达，土壤适应性较强；自然更新能力强，生长快，4~5年生即能开花；抗干热，对二氧化硫的抗性较强，病虫害少，是一种速生的常绿阔叶用材树种。

分布：分布于浙江、福建、湖南、广东、广西、贵州等地，是常绿阔叶林中常见树种。

繁殖：主要采用种子繁殖，亦可扦插、压条或以木兰为砧木嫁接繁殖。

应用：深山含笑生长速度快，冠大荫浓，枝叶光洁，花大而早开，是早春优良的芳香观花树种，在公园中孤植、丛植、群植均相宜；同时也是优良的四旁绿化树种。

果实
深山含笑枝叶

木 莲

◎**学名**：*Manglietia fordiana* (Hemsl.)Oliv.
◎**科属**：木兰科·木莲属

红花木莲

形态：常绿乔木，高达 20m。树干通直，树冠广卵形；小枝及芽有红褐色绒毛。叶片革质，倒卵状长椭圆形，长 8~13cm，宽 3.5~5.0cm。花期 4~5 月，花白色，有微香；聚合果，卵状长圆形，种子 9~10 月成熟。
同属常用栽培种：
红花木莲 *Manglietia insignis* (Wall.) Bl. 叶革质，倒卵状椭圆形；花期 5~6 月，花被片 9~12 片，粉红色。

习性：中性树种，喜光，稍耐荫；喜温暖、湿润气候，喜富含腐殖质的酸性土；稍耐低温，不耐干旱；幼苗在夏季需遮荫，冬季要防寒；深根性，须根少，移植要带土球。

分布：分布于福建、江西、湖南、广东、广西、云南等省。

繁殖：采用播种、嫁接、扦插繁殖。

应用：木莲树形高大雄伟，枝叶繁茂，四季浓绿；花色洁白素雅，微香诱人。适用于公园、庭院绿化，可列植为行道树，孤植于窗前屋后稍蔽荫的地方，也可在草坪边缘丛植或群植配置。

乐东拟单性木兰

◎**学名**：*Parakmeria lotungensis* (Chun et Tsoong) Law
◎**科属**：木兰科·拟单性木兰属

春叶

形态：常绿大乔木，高达 20~30m。我国特有树种，列为国家三级重点保护树种。树皮灰白色，光滑，全株无毛。叶革质，倒卵状长椭圆形，春叶褐红色，后转青绿色，有光泽。花期 5~6 月，白色、顶生、有香味；聚合果椭圆形，9~10 月成熟。

习性：中性，喜光，苗期需遮荫；喜温暖湿润气候，能抗高温，亦耐严寒；适应性强，在酸性、中性和微碱性土壤中都能正常生长。

分布：原产于海南、广东、贵州、湖南、福建、浙江等地。

繁殖：采用播种或扦插繁殖。

应用：乐东拟单性木兰树干通直，枝叶繁茂；新叶深红色，色泽亮丽；初夏开白花清香远溢，秋季果实红艳夺目；且对有毒气体有较强的抗性，是优良的园林绿化树种，无论孤植、丛植或作行道树，均十分合宜。

夏秋老叶

杜 英

◎学名：*Elaeocarpus decipiens* Hemsl.
◎别名：山杜英　胆八树
◎科属：杜英科·杜英属

老叶变红

初夏花枝

果实

形态：常绿乔木，高约 15~20m。树冠卵球形，树皮深褐色，平滑不裂。小枝红褐色，幼枝疏生短柔毛，后无毛。叶革质，单叶互生，深绿色，倒卵状披针形，先端钝尖，基部楔形，边缘疏生钝锯齿，老叶深红色。花期 6~7 月，花瓣 5 片，子房有绒毛；10~11 月果熟，核果，椭圆形。

习性：中性，喜光，也较耐荫；喜温暖湿润的环境，稍耐寒；在排水良好的酸性土壤中生长良好；根系发达，萌芽力强，耐修剪，移栽成活率高；对二氧化硫抗性强。

分布：产于浙江、江西、福建、台湾、湖南、广东及贵州等地；泰国、越南、老挝也有分布。

繁殖：常用播种或扦插繁殖。

应用：杜英枝叶繁茂，葱茏浓郁，霜后老叶部分绯红，红绿相间，鲜艳悦目。适于丛植、片植，宜作树丛的常绿基调树种和花木的背景树，或列植成绿墙，有隐蔽遮挡之作用；同时因其叶茂常青，适于作隔声防噪林的中层树种；对有毒气体的抗性强，可选作有污染的厂矿区的绿化树。

木 荷

◎学名：*Schima superba* Gardn. et Champ.
◎别名：荷木　荷树　横柴
◎科属：山茶科·木荷属

春季枝叶

花枝

形态：常绿大乔木，高可达 30m。树干通直，树皮灰褐色，块状纵裂。叶革质，椭圆形或卵状长椭圆形，先端渐尖或短尖，基部楔形，叶缘有浅钝锯齿；叶深绿色，无毛；新叶初发呈红色，鲜艳悦目。花期 6~7 月，花单生于近枝顶叶腋或数朵集生枝顶，白色或淡红色，具芳香。蒴果近球形，木质，花萼宿存，翌年 10~11 月成熟，种子肾形，扁平，边缘具翅。

习性：中性树种，喜光稍耐荫，喜温暖、湿润气候；适生于土壤肥沃、排水良好之酸性土壤，在碱性土质中生长不良；生长速度中等，抗风雪能力强；对有毒气体有一定的抗性。

分布：分布于华东、华南及西南地区。

繁殖：以播种繁殖为主。

应用：木荷树干端直，枝叶浓密，与其它常绿阔叶树混交成林，生长甚佳。园林上宜作公园绿地背景树或树丛种植，也宜在山坡、溪谷营建风景林。因其叶片肉厚，不易燃烧，林业上常用作防火林。

枇 杷

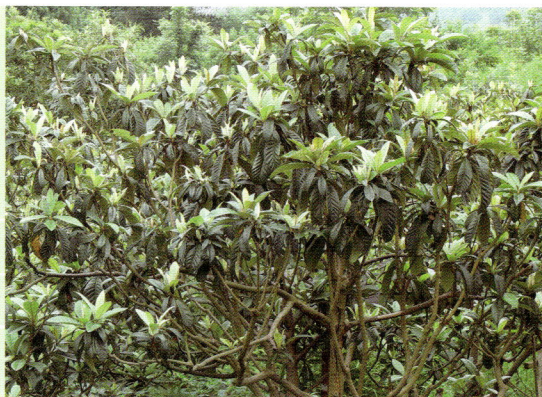

◎ **学名**：*Eriobotrya japonica* (Thunb.)Lindl.

◎ **别名**：卢橘

◎ **科属**：蔷薇科·枇杷属

形态：常绿乔木，高约 10~15m。单叶互生，具短柄或无柄，叶大，革质，倒披针状椭圆形，边缘上部有疏粗锯齿，先端尖，基部楔形，叶面多皱，有柔毛。11~12 月开花，白色；果近圆球形，翌年 6~7 月成熟，橙黄色。

习性：为暖地中性树种，喜光，稍耐荫；喜温暖湿润的环境，耐寒性差；对土壤的适应性较强；花期忌风，幼果期畏霜冻；生长缓慢，寿命较长。

分布：原产于我国南部，四川、湖北尚有野生；浙江塘栖、江苏洞庭及福建莆田都是枇杷的有名产地。越南、缅甸、印度及日本也有栽培。

繁殖：常采用播种、嫁接繁殖，也可在夏末进行软枝扦插。

应用：枇杷树形宽大整齐，叶大荫浓，特别是初夏黄果累累，呈现"树繁碧玉簪，柯叠黄金丸"之景。宜孤植或丛植于庭园、草地边缘或园路转角处；在江南园林中常配植在亭旁、院落之隅，其间点缀山石、花卉，景色别致。

左：枇杷，右：广玉兰

叶与花

春季幼果

初夏熟果

冬季开花景观

叶片

杨　梅

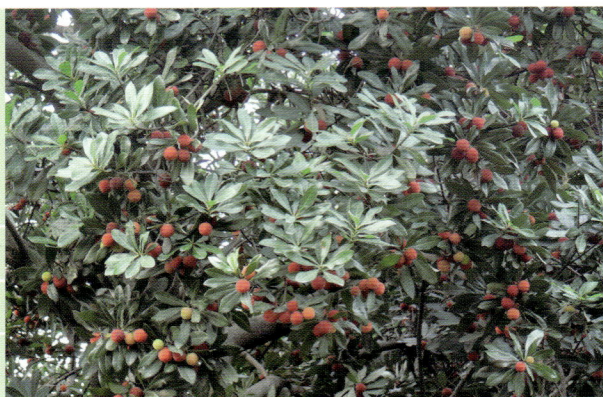

◎**学名：** *Myrica rubra* (Lour.)Sieb. et Zucc.

◎**别名：** 树梅　朱红

◎**科属：** 杨梅科·杨梅属

形态： 常绿乔木，高约 10~15m。树冠近球形，树皮灰色。单叶互生，倒披针形，先端较钝，基部狭楔形，全缘或在端部有浅齿，表面深绿色，背面色稍淡，有金黄腺体，无托叶。花雌雄异株，单性，雄花序圆柱形，紫红色，雌花序卵形或球形，花期 1~2 月；核果球形，外果皮紫红色或乳白色，多汁，果熟期 6~7 月。

习性： 为亚热带中性树种，喜光，稍耐荫，怕烈日直射；喜温暖湿润气候，不耐寒；喜酸性土壤，深根性，对二氧化硫、氯气等有毒气体的抗性较强。

分布： 主要分布于长江以南各省区，以浙江栽培最多。

繁殖： 采用嫁接、压条或播种繁殖。

应用： 杨梅枝繁叶茂，绿荫深浓，初夏红果满树，赏心悦目，是优良的庭院观赏树种。可孤植、丛植于草坪、庭院，也可列植于路旁，或适当密植用以分割空间或作为城市隔音林带的中层基调树种。由于对有毒气体抗性较强，还可选作厂矿绿化树种。

结果植株

雄花序

果枝

▼ 公园孤植

柚

◎**学名**：*Citrus grandis* (L.) Osbeck

◎**别名**：柚子　香泡

◎**科属**：芸香科·柑橘属

识别要点：单身复叶

柚花枝

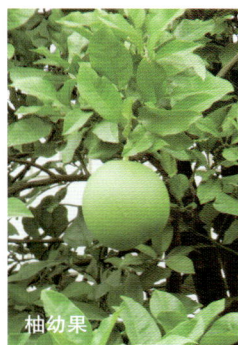

柚幼果

形态：常绿乔木，高约 10~15m。小枝有毛，具短枝刺。叶卵状椭圆形，先端短尖，上半部缘有钝齿，叶柄具宽大倒心形之翼。3~4 月开花，花两性，白色，单生或簇生叶腋。果近球形或梨形，径 15~20cm，果皮柠檬黄色，粗厚具芳香，9~10 月成熟，挂果期长。

同属常见栽培种：

常山胡柚 *Citrus Changshan-huyou* 柚与甜橙的杂交种；单身复叶，小枝有刺；花期 4 月，果期 10 月；果实圆球形，果心中空，果肉酸甜适度；产量高，耐储运。

习性：中性树种，喜光，幼树稍耐荫；喜温暖湿润气候，不耐寒冷；适生于深厚、肥沃而排水良好的中性或微酸性砂质壤土，在过分酸性及黏土地区生长不良。

分布：原产印度，中国南部地区有较久的栽培历史。

繁殖：采用播种、嫁接、扦插、空中压条等法繁殖。

应用：柚为亚热带重要果树之一，硕大的果实金黄悦目，芳香宜人，且挂果期长，具有很好的观赏价值。宜在庭院中孤植作庭荫树，也可在公园内列植作行道树或丛植配景。其果实可鲜食，根、叶、果皮均可入药，有消食化痰、理气散结之效。

柚大树形态

▼ 常山胡柚（果心中空）

常山胡柚

冬　青

◎学名：*Ilex chinensis* Sims.

◎别名：四季青　万年枝

◎科属：冬青科·冬青属

形态： 常绿乔木，高 15~20m。树冠卵圆形，树皮平滑，灰青色。叶革质，长椭圆披针形，边缘疏生浅锯齿。雌雄异株，聚伞花序，花期 5~6 月；核果椭圆形，10~11 月成熟，深红色，经冬不落。

习性： 中性，喜光，稍耐荫，喜温暖气候，不耐严寒；适生于肥沃湿润、排水良好的酸性土壤；深根性，有较强的抗风力；对有害气体有一定的抗性。

分布： 分布于我国长江流域以南至华南、西南各省，日本也有分布。

繁殖： 采用播种、扦插繁殖。

应用： 冬青四季常青，枝繁叶茂，果熟时红若丹珠，赏心悦目，是园林绿化的优良树种。宜孤植、列植、丛植或散植；还可矮化，用于制作盆景。

苦　槠

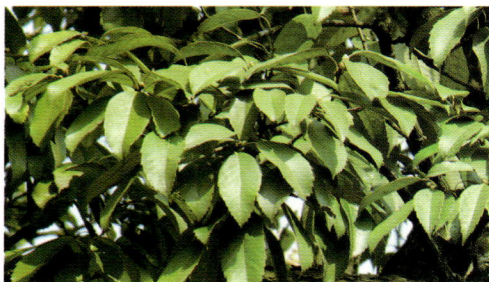

◎学名：*Castanopsis sclerophylla* (Lindl.)Schottky

◎别名：苦槠栲　槠栗　血槠

◎科属：壳斗科·栲属

形态： 常绿乔木，高达 15~20m。树冠圆球形，树皮暗灰色，纵裂；枝具顶芽，芽鳞多数，小枝绿色，无毛，常有棱沟。叶长椭圆形，中部以上有锯齿，叶背面有灰白色或浅褐色蜡层，革质，螺旋状排列；花期 5 月；10 月果熟，壳斗杯形，坚果褐色。

习性： 阳性，喜光，幼树耐荫；喜温暖湿润气候、中性和酸性土壤；深根性，耐干旱瘠薄。

分布： 分布于长江中下游以南各省区、海拔1000m 以下山地杂木林中。

繁殖： 常用播种繁殖。

应用： 苦槠枝叶浓密，常年绿茂，可作为庭荫树或境界树；并有防风、避火作用，可作防风林、针阔混交林或水源涵养林。

果实

群植

大树形态

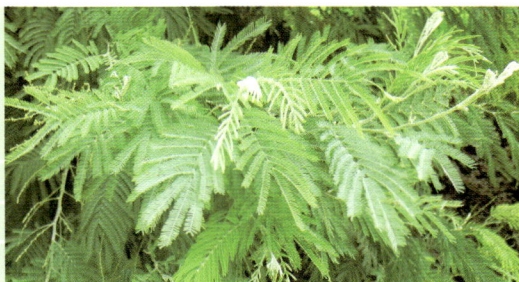

银荆树

◎ 学名：*Acacia dealbata* Link
◎ 别名：澳大利亚金合欢　绒花树
◎ 科属：含羞草科·金合欢属

形态： 常绿大乔木，在原产地高达 20~25m。树干通直，树皮灰绿或灰色。二回偶数羽状复叶，小叶线形，银灰色或浅灰蓝色。3~5 月开花，头状花序，小花簇生，花黄色，有香气。荚果长带形，果皮暗褐色，密被绒毛；种子卵圆形，10~11 月成熟，黑色，有光泽。

习性： 强阳性树种，树冠具趋光性，在幼龄期即需要充足光照；适生于凉爽湿润的亚热带气候，能耐极端低温 –7℃，抗寒力优于黑荆等树种；对土壤要求不严，喜酸性至微酸性壤土或沙壤土，在过于黏重和排水不良的土壤上生长不良；有较强的耐旱能力，但在山坡中下部或谷地生长更好。

分布： 原产澳大利亚东南部的维多利亚、新南威尔士和塔斯马尼亚州；现我国长江以南地区有引种栽培。

繁殖： 主要采用种子繁殖或萌芽更新。

应用： 银荆树枝繁叶茂，叶形独特，四季银翠，树形优美，适宜于公园、庭院绿化，可列植作行道树，或在庭园中孤植、丛植布置。由于其耐旱能力强，还适作荒山绿化先锋树及水土保持树种。

大树形态

花枝

幼果枝

竹　柏

◎ 学名：*Podocarpus nagi* (Thunb.)Zoll. et Mor.
◎ 别名：椰树　罗汉柴
◎ 科属：罗汉松科·罗汉松属

小树形态

◀ 果实

长叶竹柏

形态： 常绿大乔木，高达 20~25m。树冠广圆形，干直，皮光滑，红褐色，枝开展。叶交互对生或近对生，排成二列，长椭圆状披针形，厚革质，无中脉而有多数并列细脉，似竹叶；花期 4 月；种子球形，10 月成熟，暗紫色，被白粉。
同属常用栽培种：
长叶竹柏　*Podocarpus fleuryi* Hickel

习性： 中性树种，喜光又较耐荫；喜温热湿润气候，对土壤要求较高；生长速度中缓；不耐寒，在南京、上海等地栽种易受冻害。

分布： 主产于浙江、福建、湖南等省，长江以南城市有栽培；日本南部也有分布。

繁殖： 采用播种或扦插繁殖。

应用： 竹柏树冠浓郁，枝叶青翠，叶似竹叶而有光泽，树形美观，是南方优良的庭荫树、行道树和城乡四旁绿化树种，也可在高大建筑物的避风稍荫处种植，小树亦可盆栽装点室内环境。

红豆树

◎学名：*Ormosia hosiei* Hemsl.
◎别名：花榈木　花梨木
◎科属：豆科（蝶形花科）·红豆树属

花枝

大树形态

种子

形态： 半常绿乔木，高约 16m。树皮光滑，幼树皮灰绿色。奇数羽状复叶，小叶 5~7 枚，稀 9 枚，长椭圆形，长 6~10cm，先端急尖，全缘。花期 4~5 月，圆锥花序顶生或腋生，花冠白色或淡红色。荚果扁，近椭圆形，内含 1~2 粒种子，9~10 月成熟，种子鲜红色。

习性： 阳性树种，喜光，稍耐荫；喜温暖、湿润气候，但有一定的耐寒性；喜肥沃、湿润的酸性或中性土壤，忌干燥。

分布： 主要分布于长江流域及以南地区。

繁殖： 常用播种繁殖。

应用： 红豆树树干通直，形态端庄，枝叶翠绿，可列植为行道树，孤植、丛植于草坪中央或边缘，也常作为风水树栽种于庭院之中。

榕　树

◎学名：*Ficus microcarpa* L.f.
◎别名：小叶榕　细叶椿
◎科属：桑科·榕属

形态： 常绿大乔木，高达 20~25m。具有特殊的气生根；叶革质，卵状椭圆形；花托单生于叶腋，乳白色，成熟时黄色或淡红色。

习性： 南亚热带树种，中性，喜光又耐荫；喜温暖湿润气候，不耐寒；适生于微酸性土壤，稍耐水湿；对有害气体抗性不强。

分布： 分布于浙江南部以南至两广、云贵地区；印度、缅甸也有分布。

繁殖： 常用播种、扦插、分蘖、压条等法繁殖。

应用： 榕树树体雄伟，冠大荫浓，四季常青，巨大的气生根别具一格；宜作庭荫树、行道树及园景树，孤植、列植、丛植皆相宜，均能体现南国风光。在浙江温州以南地区可露地栽植，其它地区宜盆栽观赏。

榕树气生根（独木成林）

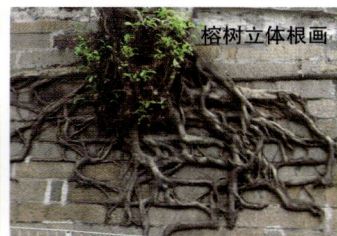

榕树立体根画

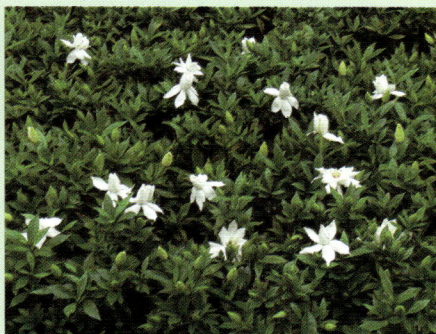

04

常绿阔叶小乔木与灌木

在大量的常绿阔叶树中，依据其成年树的干形和高度，分为常绿阔叶乔木（高度在10m以上）、常绿阔叶小乔木（高度在5～10m之间）和常绿阔叶灌木（无明显主干，高度在5m以下）。由于在园林栽培应用过程中，部分常绿阔叶小乔木树种经嫁接或扦插、修剪整形而成为了灌木型，两者难以界定，故本书将常绿阔叶小乔木和常绿阔叶灌木合在一起作介绍。

山茶花

◎**学名**：*Camellia japonica* Linn.

◎**别名**：茶花　山茶　曼陀罗树

◎**科属**：山茶科·山茶属

开花植株

形态：常绿小乔木或灌木，株高4~8m。树皮平滑，灰白色，小枝黄褐色。单叶互生，革质，卵形或椭圆形，顶端渐尖，基部阔楔形，缘有细齿，叶脉网状，叶面深绿色，有光泽，叶背黄绿色，平滑无毛。花期2~4月，花色多样；蒴果近球形，径2~3cm，无宿存花萼，种子椭圆形。

习性：中性，喜半荫，忌阳光直射；喜温暖湿润环境，耐寒力较差；喜微酸性土壤，植于偏碱性土壤生长不良；忌积水，排水不良时会引起根系腐烂致死；对硫化物和氯气有一定的抗性。

分布：原产于我国和日本，现今全球通过杂交育种已有2000多个栽培品种。在我国中部及南方各省可露地栽培，已有1400多年的栽培历史，北方则以温室盆栽为主。

繁殖：可用播种、扦插、嫁接、压条等法繁殖。

应用：山茶花是中国十大名花之一，也是世界闻名的观花树种。其叶色翠绿，花大色美，品种繁多，绿化、美化效果好。宜丛植于疏林之内或林缘，也可布置于建筑物南面暖处，孤植、群植均可。唯山茶花喜温、喜阴凉、喜酸性土，故应选择适宜之地栽植，与落叶乔木搭配，尤为相宜。

花蕾

金花茶

茶 梅

◎**学名**：*Camellia sasanqua* Thunb.

◎**别名**：海红

◎**科属**：山茶科·山茶属

形态：常绿小乔木或灌木，株高 2~4m。树冠球形或扁圆形；树皮灰白色。叶互生，椭圆形至长圆卵形，革质，叶缘有细齿，新叶有光泽，老叶色较深。11 月至翌年 3 月开花，红色、粉红或白色，略芳香；蒴果球形，稍被毛。新开发同属栽培变型：

红叶茶梅，春季新叶暗红色。

习性：中性，喜半荫、湿润环境，忌阳光过烈，稍耐寒；喜疏松、肥沃和排水良好的酸性土壤，土壤黏重和排水不良时，会使根部发生腐烂；有一定的抗旱性，忌施肥过浓。

分布：原产于我国长江以南地区，日本也有分布。

繁殖：可用播种、扦插、嫁接等法繁殖。

应用：茶梅株形低矮，枝繁叶茂，着花繁多，花色丰富，可孤植、丛植、片植，亦可盆栽观赏；还可用作绿篱，开花时为花篱、落花后为常绿绿篱，故在园林绿化中很常用。

春季枝叶

茶梅盛花景观

冬茶梅

红叶茶梅

美人茶

◎学名： *Camellia uraku* Kitam.

◎别名：冬红山茶　单体红山茶

◎科属：山茶科·山茶属

形态：常绿小乔木或灌木，株高 3~5m。叶宽椭圆形，光亮，有细锯齿；花单瓣，粉红、紫红色，花期从 12 月至翌年 3 月；一般花后不结实。

习性：中性，喜半荫，忌烈日；喜温暖气候，但又耐寒，是山茶属中较为抗寒的品种；喜酸性土壤，但对偏碱性土壤适应性强；病虫害少，易栽培与护理。

分布：主要分布于湖北、浙江一带。

繁殖：采用扦插或嫁接繁殖。

应用：美人茶叶色亮绿，四季常青，花茂色雅，既能暖春争艳，又能严冬傲雪，为园林中少见的常绿越冬观花植物，具有较高的观赏价值。宜孤植、丛植，或片植于草坪、林缘、园路口、山石一侧及庭园角，皆具有很好的点缀作用。

厚皮香

◎学名： *Ternstroemia gymnanthera* (Wight et Arn.)Beddome

◎别名：猪血柴　秤干木

◎科属：山茶科·厚皮香属

形态：常绿小乔木或灌木，株高 3~5m。干多分枝，小枝粗壮，树冠圆球形。叶革质，倒卵形或椭圆状倒卵形，全缘，表面暗绿色，有光泽，常数片簇生枝端，叶柄红色。花期 6~7 月，花淡黄色，有浓香，常数朵聚生枝端；蒴果带肉质，10 月成熟，绛红色，有油质；种子扁椭圆形，坚硬。

习性：中性，喜光又耐荫，喜温暖湿润气候和背荫潮湿环境；要求排水良好、湿润肥沃的土壤；根系发达，萌芽力弱，不耐修剪；对有害气体有较强抗性。

分布：分布于我国南部各省区；日本、朝鲜半岛也有。

繁殖：常用播种繁殖，种子需沙藏至次年春播；也可采用扦插繁殖。

应用：厚皮香树冠浑圆，枝叶层次感强，叶肥厚浓绿，入冬转褐红，开花时节芳香诱人。在园林应用中以球形为主，宜植于林下、林缘、步道两侧、假山石旁，也是工矿厂区绿化的优良树种。

花枝

果实

春季枝叶

杜鹃花

◎**学名：** *Rhododendron simsii* Planch.

◎**别名：** 杜鹃　映山红

◎**科属：** 杜鹃花科·杜鹃花属

形态： 常绿或半常绿灌木，枝细而丛生。叶互生，卵形或椭圆形，先端尖，基部楔形，全缘，两面有毛。花期3~6月，花2~6朵簇生枝端，花冠钟形或漏斗形；花色丰富，有粉红、玫瑰红、淡紫、粉白、白、红白相间等色。园林中常用的分春鹃、夏鹃两大类，一般春鹃在3月下旬~4月开花，夏鹃在5月~6月上旬开花。

习性： 中性，喜半荫，忌烈日直射；喜温暖湿润环境，不甚耐寒；宜生长于疏松、肥沃的酸性土壤，在碱土中生长易发生黄化，忌积水。

分布： 分布于我国长江流域及珠江流域；东起台湾，西至四川、云南。

繁殖： 常用播种、扦插、嫁接等法繁殖。

应用： 杜鹃花远在古代即被誉为"花中西施"，系全国十大名花之一。杜鹃开花期长，可群植于疏林下，或在花坛、树坛、林缘作色块布置，也可盆栽观赏。

左：春鹃，右：夏鹃

春鹃叶与花

夏鹃公园花篱

含 笑

◎学名：*Michelia figo* (Lour.)Spreng.

◎别名：含笑花　香蕉花　笑梅

◎科属：木兰科·含笑属

形态： 常绿小乔木或灌木，株高3~6m。由紧密的分枝组成圆形树冠；小枝和叶背均密被褐色绒毛。叶倒卵状椭圆形，全缘，叶面有光泽。花期4~6月，花单生叶腋，花瓣6枚，肉质淡黄色，边缘常带紫晕，具芳香（香蕉味）；果期7~8月。

习性： 中性，稍耐荫，不耐烈日暴晒；性喜温暖，不甚耐寒；喜排水良好的微酸性至中性土壤，不耐干旱贫瘠与积水；对氯气有较强的抗性。

分布： 原产于广东、福建，现从华南至长江流域各省均有栽培。

繁殖： 以扦插为主，也可播种、嫁接、压条繁殖。

应用： 含笑枝密叶茂，四季常青，开花时节，浓香扑鼻，为著名芳香类花木。适于小游园、公园或街道边成丛栽植，或配植于草坪边缘、稀疏林下，使游人在休闲之中能得芳香之享受。

花蕾

花朵

含笑球

含笑植株

海 桐

◎**学名**：*Pittosporum tobira* (Thunb.)Ait.

◎**别名**：山矾

◎**科属**：海桐花科·海桐花属

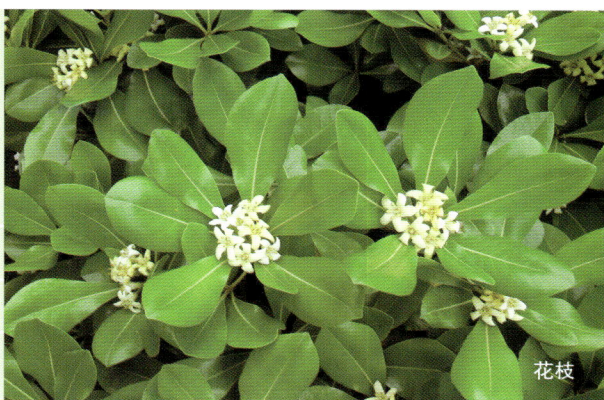

花枝

形态：常绿小乔木或灌木，株高 3~6m。树冠球形，干灰褐色，嫩枝绿色。单叶互生，稀轮生；叶倒卵状椭圆形，厚革质，先端圆钝，基部楔形，边缘反曲，全缘，无毛，叶表面深绿有光泽。4~5 月开花，顶生伞房花序，小花奶白色或淡黄色，有芳香；10 月果熟，蒴果卵球形，种子鲜红色，表面有黏稠物。

习性：中性，喜光亦耐荫；适应性强，有一定的抗旱、抗寒力；对土壤要求不严，稍耐盐碱；萌芽力强，耐修剪造型。

分布：原产于江苏、浙江、福建、广东等地；朝鲜、日本亦有分布；现长江流域及以南各地常见栽培应用。

繁殖：可用播种或扦插繁殖。

应用：海桐为江南城市园林常见之绿化树种，也是海岸防潮林、防风林及厂矿绿化的优良树种，且宜作防火林带之下木。可孤植、丛植于草坪边缘、路旁、河边，常修剪成球形，或列植成绿篱、片植成色块，亦可盆栽观赏，均甚相宜。

左：杨梅，右：海桐

海桐球

果实

种子

大叶黄杨

◎**学名：** *Euonymus japonicus* Thunb.

◎**别名：** 冬青卫矛　正木

◎**科属：** 卫矛科·卫矛属

盛花景观

果实

大叶黄杨球

形态： 常绿小乔木或灌木，株高3~6m，栽培变种不超过2m。小枝绿色，近四棱形；叶椭圆形至倒卵形，缘有钝齿，革质，有光泽。5~6月开花，小花绿黄色；10月果熟，蒴果圆球形，假种皮橘红色。

园林中常用栽培变种有：

金边大叶黄杨 *var.aureo-marginatus* 　叶缘金黄色。

银边大叶黄杨 *var.alba-marginatus* 　叶缘银白色。

金心大叶黄杨 *var.aureo-variegatus* 　叶心金黄色。

习性： 中性，喜光，稍耐荫；喜温暖湿润气候，耐寒性差；生长缓慢，萌芽力强，极耐修剪整形；耐干旱瘠薄，稍耐盐碱，对烟尘与有毒气体有较强的抗性。

分布： 原产于日本，我国南北各地均有引种栽培，尤以长江流域为多。

繁殖： 以扦插为主，也可播种或嫁接繁殖。

应用： 大叶黄杨及其变种为优良的观叶树种，常修剪成球形、列植成绿篱或成片种植为色块图案，是公园、庭院和工厂绿化的好材料；其花叶、斑叶变种还适宜盆栽，用于室内会场装饰等。

金边大叶黄杨片植

金心大叶黄杨

金边大叶黄杨

银边大叶黄杨

火　棘

◎ **学名**：*Pyracantha fortuneana* (Maxim.)Li

◎ **别名**：火把果　救军粮　赤阳子　豆金娘

◎ **科属**：蔷薇科·火棘属

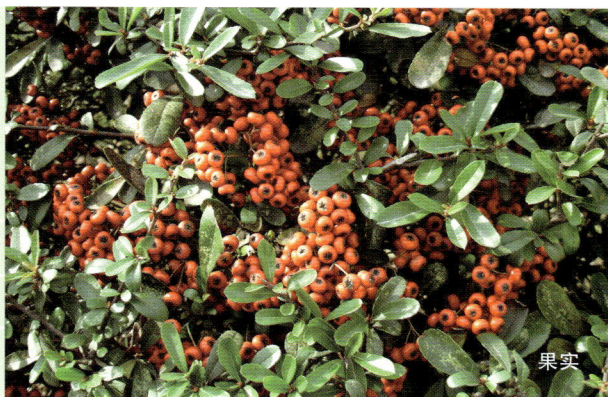
果实

形态：常绿或半常绿灌木，株高约3m。枝条暗褐色，拱形下垂，幼时有锈色短柔毛，短侧枝常成刺状。单叶互生，倒卵状矩圆形，先端钝或微凹，有时具短尖头，基部楔形，缘有钝锯齿，亮绿色。5月开小白花，复伞房花序，10月果熟，小梨果橘红或鲜红色，挂果至翌年3月。新开发栽培变种：

小丑火棘 *var.Harlequin*　常绿灌木，叶小，长椭圆形，春夏叶淡黄色，深秋至冬季为淡紫红色，并有黄白色花纹，似小丑花脸而得名。

习性：阳性，喜光，稍耐荫，较耐寒；对土壤要求不严，耐干旱瘠薄，耐盐碱；萌芽力强，耐修剪；对有毒气体有一定的抗性。

分布：主产于长江流域及以南各省区，现各地广为栽培。

繁殖：常用播种或扦插繁殖。

应用：火棘入夏时白花点点，入秋后红果累累，是观花、观果的优良树种。在园林中可孤植、丛植、片植或作绿篱配置，也可整修成球形；果枝还是瓶插的好材料，红果经冬不落。火棘老桩古雅多姿，可制作为盆景欣赏；小苗经造型扎成微型盆景，也很别致。小丑火棘为新开发的观叶植物，丛植、列植、片植均相宜，常与绿色、黄色或红色小灌木组成色块图案。

火棘花枝

火棘球（春）

火棘球（冬）

小丑火棘（春色）

小丑火棘（夏色）

小丑火棘（秋色）

小丑火棘（冬色）

石 楠

◎**学名**：*Photinia serrulata* Lindl.

◎**别名**：千年红　扇骨木

◎**科属**：蔷薇科·石楠属

石楠花枝

形态：常绿小乔木或灌木，株高5~10m。树形端正，小枝褐灰色，无毛；叶片长，革质，倒卵状长椭圆形，不平整，有大锯齿，幼叶略带红色。花期4~6月，顶生复伞房花序，小花白色；梨果球形，10月成熟，红色或褐紫色。

同属常用栽培种：

椤木石楠 *Ph. davidsoniae* Rehd. 树干、枝条上有刺；叶革质，长圆形或倒卵状披针形，有细锯齿；花序梗、花柄贴生短柔毛；果实黑褐色。

习性：阳性，喜光，稍耐荫；喜温暖湿润环境，较耐寒；耐干旱瘠薄，忌水渍和排水不良的黏土；生长缓慢，萌芽力强，耐修剪。

分布：原产于我国秦岭以南各地，日本、印度尼西亚和菲律宾也有分布。

繁殖：以播种为主，也可扦插繁殖。

应用：石楠树形圆整，枝叶浓密，春生嫩叶淡红色，初夏白花点点，秋冬红果累累。园林中孤植、丛植及作绿篱皆甚合适，尤宜配植于整形式园林中。椤木石楠适宜作高篱，因枝干有刺，隔离效果好；也可用作林区及城乡防火树种。

石楠果实

石楠枝叶

椤木石楠叶片

椤木石楠果枝

椤木石楠枝干上有刺

椤木石楠　　石楠　　红叶石楠

红叶石楠

◎**学名**：*Photinia×fraseri* 'Red robin'

◎**科属**：蔷薇科·石楠属

形态：常绿小乔木或灌木，株高 3~6m。叶革质，倒卵状长椭圆形，有细锯齿，春、秋新叶亮红色；花期4~6月，顶生复伞房花序，花小，多而密，奶白色；梨果球形，10月果熟，红色，能延续至冬季。
同属新开发栽培品种：
罗城石楠 常绿灌木，叶小，倒卵状长椭圆形，春夏叶绿色，深秋至冬季叶为褐红色。

习性：阳性，喜光，稍耐荫；喜温暖气候，亦耐寒；对土壤适应性强，耐干旱瘠薄，稍耐盐碱，但忌水湿；生长较快，萌芽力强，耐修剪。

分布：主产于亚洲东南部和北美洲亚热带地区。我国于20世纪90年代引种栽培，现已红遍大江南北。

繁殖：主要采用扦插或组织培养繁殖。

应用：红叶石楠春、秋新叶红艳悦目，可片植成色块，与其他彩叶树种组成各种图案；或列植成绿篱、群植成幕墙应用于街道、居住区、厂区绿地和公路绿化隔离带；也可培育成球形，在绿地中孤植、丛植或盆栽放置于门廊及室内，均其适宜。罗城石楠为新开发的观叶植物，可用作球形、绿篱或色块。

红叶石楠叶片

红叶石楠花枝

罗城石楠

红叶石楠（圆柱形）

红叶石楠（高篱）

红叶石楠（低篱）

枸　骨

◎**学名**：*Ilex cornuta* Lindl. et Paxt.

◎**别名**：鸟不宿　猫耳刺

◎**科属**：冬青科·冬青属

形态：常绿小乔木或灌木，株高 4~8m。树皮灰白色，平滑，枝开展而密生。叶形奇特，硬革质，互生，叶缘向下反卷，有尖刺齿。花期 4~5 月，花黄绿色，簇生于二年生枝叶腋；核果球形，鲜红色，果期 10 月至次年 3 月，挂果期长。
园林常用栽培变种：
无刺枸骨　*var. fortunei* S.Y.Hu　叶硬革质，互生，矩圆形，叶缘稍反卷，无刺齿，叶面有光泽。

习性：中性，喜光，亦耐荫；喜温暖湿润气候，稍耐寒；生长缓慢，萌芽力强；深根性，须根少，移植较难；耐烟尘，抗二氧化硫和氯气。

分布：产于我国长江流域及以南各地，生于山坡、谷地、溪边杂木林或灌丛中；现各地园林有栽培。

繁殖：以播种为主，也可扦插繁殖。

应用：枸骨叶形奇特，浓绿光亮，秋冬红果鲜艳，为优良的观叶、观果树种。宜配植于假山边、花坛中心、门庭两旁或道路转角处；亦宜作刺绿篱，兼有防护与观赏效果；老桩可作盆景，叶与果枝还可用于插花。无刺枸骨叶无刺齿，秋冬红果与枸骨一样鲜艳夺目，所以在园林中用量比枸骨更多。

枸骨植株

枸骨幼果

枸骨新叶

枸骨花枝

无刺枸骨新叶

无刺枸骨冬果

金边枸骨

龟甲冬青

◎**学名**：*Ilex crenata* Thunb. cv. Convexa

◎**别名**：凸叶钝齿冬青　小叶冬青

◎**科属**：冬青科·冬青属

龟甲冬青

形态：为钝齿冬青的变种，常绿灌木，株高 1~3m。叶小，椭圆形，厚革质，互生，全缘，叶面反拱呈龟背状，新叶嫩绿色，有光泽，老叶墨绿色。花期 5~6 月，果期 10 月。

同属栽培品种：

金叶钝齿冬青 *cv.Golden Gem* 株型低矮紧凑，生长缓慢；叶小，长椭圆形，叶缘有细锯齿，春夏叶金黄色。

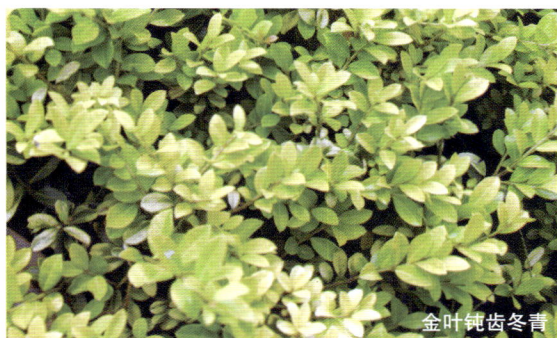
金叶钝齿冬青

习性：中性，喜光，耐半荫；适应性强，耐低温，耐干旱瘠薄，忌水湿；对有毒气体有一定的抗性；萌发力强，耐修剪。

分布：分布于长江流域及以南各省区。

繁殖：常用播种、扦插繁殖。

应用：龟甲冬青枝干苍劲古朴，叶小密集浓绿，可列植为绿篱、片植为色块或修剪成球形孤植与丛植，也适合于制作盆景。金叶钝齿冬青为新开发的观叶品种，常用于绿篱、色块或盆栽观赏。

金叶龟甲冬青

龟甲冬青球

龟甲冬青绿篱

珊瑚树

◎**学名：** *Viburnum odoratissimum* Ker-Gawl.

◎**别名：** 冬青树　法国冬青

◎**科属：** 忍冬科·荚蒾属

形态： 常绿小乔木或灌木，株高 3~6m。树冠倒卵形，树皮灰褐色，具圆形皮孔。叶对生，革质，长椭圆形，边缘波状或具粗钝齿。花期 5~6 月，顶生圆锥式聚伞花序，小花白色，有芳香；果期 9~10 月，核果暗红色。

习性： 中性，喜温暖湿润环境，稍耐荫，较耐寒，在肥沃的中性土壤生长良好；生长较快，萌芽力强，耐修剪；有一定的抗性，病虫害少。

分布： 原产于印度、菲律宾、日本，我国华南和台湾地区；现长江流域及以南地区普遍栽植。

繁殖： 主要采用扦插和播种繁殖。

应用： 珊瑚树枝叶繁茂，初夏白花串串，深秋红果累累，鲜艳悦目。常列植整修成绿篱、绿墙、绿廊和绿门，也可孤植、丛植或群植，皆甚合宜；并可用作林区及城乡防火隔离树种。

绿篱

孤植

花枝

果枝

夹竹桃

◎**学名**：*Nerium indicum* Mill.

◎**别名**：柳叶桃　半年红

◎**科属**：夹竹桃科·夹竹桃属

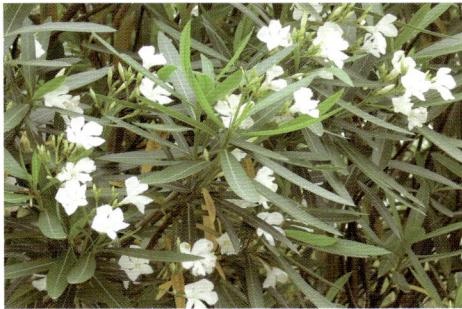

形态：常绿大型灌木，株高 3~5m。树冠开展，树皮灰色，光滑，嫩枝青绿色。叶厚革质，窄披针形，先端锐尖，基部楔形，似竹叶。5~10 月花开不断，聚伞花序顶生，粉红色或白色；蓇葖果矩圆形，种子顶端具黄褐色种毛。

习性：阳性，喜光，稍耐荫；喜温暖湿润气候，畏严寒；适应性很强，既耐干旱瘠薄，又耐水湿与盐碱；抗烟尘与二氧化硫、氯气等有害气体，病虫害少。

分布：原产伊朗、印度、尼泊尔，现广植于亚热带地区；我国长江以南各地普遍栽植，北方栽培需在温室越冬。

繁殖：以扦插、压条繁殖为主，用水插尤易生根。

应用：夹竹桃枝叶繁茂，四季常青，花期很长，是林缘、墙角、河边、道旁绿化的常用树种。常丛植于公园、庭院、街头绿地以及列植于河道、公路、铁路两旁；因其耐烟尘、抗污染，也常用于工矿厂区的绿化。因其茎、叶、花有微毒，在修剪、扦插时要稍加注意。

夹竹桃列植作背景树

胡颓子

胡颓子幼果枝

◎**学名：** *Elaeagnus pungens* Thunb.

◎**别名：** 羊奶子　蒲颓子　半春子

◎**科属：** 胡颓子科·胡颓子属

胡颓子花枝

胡颓子果实

形态： 常绿小乔木或灌木，株高5~8m。树冠开展，枝有刺，小枝锈褐色，被鳞片。单叶互生，革质，椭圆形至矩圆形，端钝或尖，基部圆形。10~11月开花，银白色，下垂，有芳香；次年5~6月果熟，椭圆形，外种皮红色，被锈色鳞片。

同属栽培变种：

金边胡颓子 *var.aurea* 叶片边缘金黄色。

银边胡颓子 *var.variegata* 叶片边缘银白色。

金心胡颓子 *var.frederici* 叶片金黄色并有色斑。

习性： 阳性，喜光，稍耐荫；喜温暖环境，亦耐寒；对土壤要求不严，从酸性到微碱性土壤都能生长；耐干旱瘠薄，稍耐水湿，对有害气体有较强的抗性。

分布： 分布于我国长江以南各地；日本也有。

繁殖： 采用播种或扦插繁殖。

应用： 胡颓子叶色秀丽，花吐芬芳，红色小果似小红灯笼缀满枝头，十分雅致，并有金边、银边、金心等观叶变种，宜配植于林缘、道旁，也可修剪成球形，植于庭园观赏；由于其对有害气体有较强的抗性，也适于工矿厂区绿化。

金边胡颓

金心胡颓子

金边胡颓子球形

檵 木

◎学名：*Loropetalum chinense* (R.Br.)Oliver

◎别名：桎木　青檵木　白花檵木

◎科属：金缕梅科·檵木属

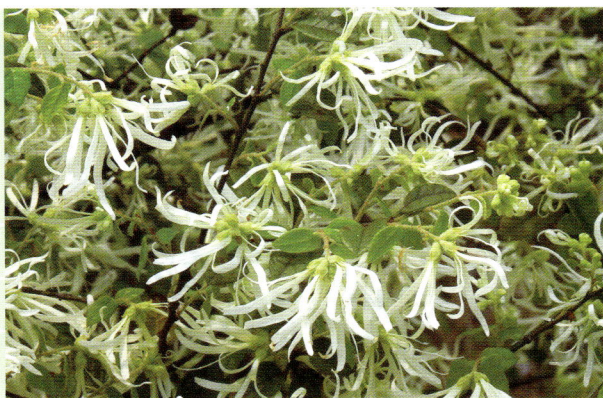

形态：常绿小乔木或灌木，株高 3~6m。小枝有淡棕色星状毛。单叶互生，椭圆状卵形，顶端突尖，基部偏斜而圆，下面有星状毛，全缘。花期 3~5 月，花 3~8 朵簇生于总梗上呈顶生头状花序，花瓣 4 枚，带状线形，淡黄白色。果期 9~10 月，蒴果木质，近卵圆形；种子椭圆形，黑色有光泽。

同属常用栽培变种：

红花檵木 *var.rubrum* Yien 叶片形状、大小与檵木相似，但叶与花均为紫红色；具体分为单面红、双面红、黑珍珠（叶色、花色最佳）。

习性：阳性，喜光，稍耐荫，喜湿润肥沃的微酸性土壤；适应性强，耐寒，耐旱；发枝力强，耐修剪整形。

分布：原产于湖南长沙岳麓山，现江南各地普遍栽植。

繁殖：采用播种、扦插或嫁接繁殖。

应用：檵木宜植于林缘、山坡地、路旁及园路转角处；老树桩古老奇特，适宜制作盆景。红花檵木叶红花美，可列植成花篱、片植成色块或修剪成球形，常与黄叶、绿叶灌木搭配，美化效果很好；也可在檵木老

桩上嫁接红花檵木而成为红叶红花的树桩盆景，观赏价值更高。

红花檵木（单面红）花枝

红花檵木（双面红）花枝

红花檵木（黑珍珠）片植

红花檵木桩景

红花檵木（黑珍珠）球形

栀子花

◎**学名：** *Gardenia jasminoides* Ellis.

◎**别名：** 黄栀子　白蟾花

◎**科属：** 茜草科·栀子属

栀子花片植

小叶栀子花

形态： 常绿灌木，树冠圆球形；枝丛生，干灰色，小枝绿色；叶对生或三叶轮生，有短柄，革质，倒卵形或矩圆状倒卵形，先端渐尖，色深绿，有光泽，托叶鞘状。花期5~6月，白花，重瓣，呈高脚蝶形，单生于枝顶，有短梗，花冠肉质，具浓郁芳香。

同属常用栽培种：

小叶栀子花 *G. radicans* 又名水栀子，匍匐状多分枝小灌木，株型低矮，枝平卧伸展，叶小而狭长，花重瓣。

习性： 中性，喜光，耐半荫，忌曝晒；喜温暖湿润环境，不甚耐寒；喜肥沃、排水良好的酸性土壤，在碱性土栽植易黄化；萌蘖力强，耐修剪更新。

分布： 产于我国中南部地区，越南与日本也有分布。

繁殖： 常用扦插、压条繁殖。

应用： 栀子花终年常绿，开花时节花朵如积雪，人行其间，芳香扑鼻，绿化、美化、香化效果甚佳；且有较强的抗有害气体及吸滞粉尘的能力，是城市绿化的优良树种。可用于庭园、池畔、阶前、路旁孤植或丛植，也可列植作花篱、片植成色块。

▼ **同属栽培变型：花叶栀子**

小叶栀子片植

黄栀子

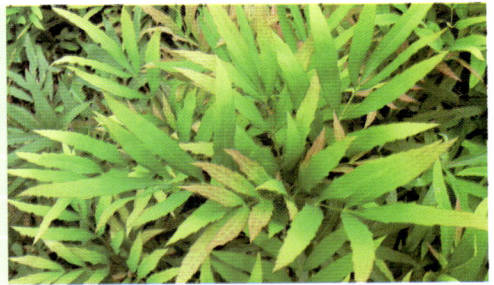

十大功劳

◎**学名**：*Mahonia fortunei* (Lindl.)Fedde
◎**别名**：狭叶十大功劳　黄天竹　土黄柏
◎**科属**：小檗科·十大功劳属

形态：常绿灌木，株高约2m。奇数羽状复叶，小叶互生，革质，狭披针形，端急尖，基部楔形，边缘有刺齿。花期7~8月，花小，黄色，成直立总状花序；11~12月果熟，浆果圆形或长圆形，蓝紫色，被白粉。

习性：中性，喜光，稍耐荫；适应性强，耐寒，抗干旱；对有毒气体有一定的抗性。

分布：主要分布于四川、湖北和浙江等省区。

繁殖：采用播种、扦插、分株等法繁殖。

应用：十大功劳枝叶苍劲，黄花成簇，是庭园花境、花篱的好材料；常植于庭院、林缘及草地边缘，或作绿篱及基础种植；其对有毒气体有抗性，也可用于厂矿绿化。全株可药用，具有滋阴强壮、清凉、解毒等功效。

花枝

果实

阔叶十大功劳

◎**学名**：*Mahonia bealei* (Fort.) Carr.
◎**别名**：土黄柏　猫耳刺　黄天竹
◎**科属**：小檗科·十大功劳属

形态：常绿灌木，株高约3m。茎干丛生直立，全株无毛；奇数羽状复叶，伞形平展，小叶阔卵形，厚革质，端渐尖，基部广楔形或近圆形，边缘有刺锯齿；叶面有光泽，叶背黄绿色。4~5月开花，鲜黄色，有香味；浆果卵形，9~10月成熟，蓝黑色，被白粉。

习性：中性，喜光，较耐荫；喜温暖湿润气候，不耐严寒；对土壤要求不严，适应性强；对二氧化硫抗性强，但对氟化氢危害较为敏感。

分布：产于陕西、安徽、浙江、福建、湖北、四川、广东等省；多生于山坡及灌丛中；华东、中南各地园林中常见栽培观赏；华北地区以盆栽为主。

繁殖：采用播种、扦插、分株等法繁殖。

应用：阔叶十大功劳叶形奇特秀丽，早春黄花喷芳吐艳，宜与山石配置，也宜丛植、群植于树坛、墙下，或作为林缘下木栽植；因其对有毒气体有一定的抗性，也可用于厂矿绿化。

花枝

果实

冬季叶色

南天竹

◎学名：*Nandina domestica* Thunb.

◎别名：天竺　南天竺

◎科属：小檗科·南天竹属

南天竹花枝

形态：常绿或半常绿灌木，株高约2m。干直立，少分枝，幼枝常为红色。奇数羽状复叶，小叶互生，椭圆状披针形，先端渐尖，基部楔形，表面光滑，背面叶脉隆起，全缘，近似竹叶。5~6月开白色小花，圆锥花序顶生；浆果球状，10月成熟，鲜红色，经冬不落。

习性：中性，喜光又耐荫；喜温暖湿润环境，但能耐低温；适应性强，既耐干旱瘠薄，又耐水湿；在强光下叶色变红，且不易结果。

分布：原产于我国及日本；现国内外庭园广泛栽培。

繁殖：常用播种、扦插、分株等法繁殖。

应用：南天竹枝干丛生，枝叶扶疏，清秀挺拔，秋冬时叶色变红，且红果累累，经久不落，为赏叶观果的优良树种。宜植于山石旁、屋庭前或墙角阴处，也可丛植于林缘与树下；老桩作盆景，果枝可插瓶。

南天竹配景

▼ 同属栽培变型：火焰南天竹

火焰南天竹（冬叶）

火焰南天竹（春叶）

红叶南天竹

云南黄馨

◎**学名：** *Jasminum mesnyi* Hance

◎**别名：** 南迎春　野迎春　云南黄素馨

◎**科属：** 木犀科·素馨属

形态： 常绿或半常绿半蔓性灌木，枝长达 3~5m。枝细长拱形，新枝具四棱，小枝无毛；单叶或三出复叶混生，小叶对生，长椭圆状披针形，先端渐尖，基部宽楔形。花单生，苞片小，花冠金黄色，花期 3~4 月，通常不结果。

习性： 中性，喜光，稍耐荫；喜温暖湿润气候，亦较耐寒；对土壤要求不严，耐干旱，怕涝；根部萌蘖力强，枝条着地部分极易生根。

分布： 原产云南，南方庭园中常见栽植，北方则温室盆栽。

繁殖： 采用扦插、压条、分株等法繁殖。

应用： 云南黄馨枝叶垂悬，婀娜多姿，春季黄花绿叶相衬，宜栽于堤岸、岩边、台地、阶前，或片植于林缘坡地；温室盆栽常编扎成各种形状观赏。

垂直绿化

花枝

球形

绿墙

小叶女贞

◎学名：*Ligustrum quihoui* Carr.
◎别名：小叶冬青　小叶水蜡树
◎科属：木犀科·女贞属

形态： 常绿或半常绿灌木，株高 3~5m。枝条铺散，淡棕色，幼枝密被微柔毛，后脱落。叶对生，薄革质，椭圆形至倒卵状长圆形，全缘，边缘略向外反卷，上面深绿色，下面淡绿色，两面无毛。花期 5~6 月，圆锥花序顶生，花白色，有芳香；果期 10~11 月，浆果状核果宽椭圆形，紫黑色。

习性： 中性，喜光，稍耐荫；喜温暖湿润气候，耐寒性强；深根性，须根发达，耐干旱瘠薄，又耐水湿；抗多种有毒气体；生长快，萌芽力强，耐修剪。

分布： 分布于我国长江流域以南各省区。

繁殖： 常用播种、扦插繁殖。

应用： 小叶女贞枝叶紧密，树冠圆整，生命力强，耐修剪造型。主要作绿篱、色块栽植，也可修剪成球形或仿造各种动物形态供游人观赏；其对二氧化硫等有毒气体抗性强，可在大气污染严重地区栽植。

▼ 仿动物造型

绿篱

小　蜡

识别要点：小蜡枝及叶背中脉有绒毛

◎学名：*Ligustrum sinense* Lour.
◎别名：山紫甲树、山指甲、水黄杨
◎科属：木犀科·女贞属

形态： 半常绿灌木，株高 2~5m。枝密生短柔毛；叶对生，薄革质，椭圆形至椭圆状矩圆形，叶背特别是延中脉有短柔毛。圆锥花序顶生，花白色，花梗明显，花期 5~6 月；浆果状核果近圆状，10 月成熟。

新开发栽培变种：

银姬小蜡 *var. Variegatum* 叶片形状和大小与小蜡相似，叶面有不规则奶白色或奶黄色斑纹。

习性： 中性，喜光，稍耐荫，较耐寒；对土壤湿度较敏感，干燥瘠薄地生长不良；生长快，萌芽力强，耐修剪。

分布： 分布于长江以南各省区。

繁殖： 常用播种、扦插繁殖。

应用： 小蜡的用途与小叶女贞相似，主要作绿篱、色块栽植；在规则式园林中常修剪成各种几何形体；其干老根古，虬曲多姿，宜作树桩盆景。

银姬小蜡

金叶女贞

◎学名：*Ligustrum vicaryi* Rehd
◎科属：木犀科·女贞属

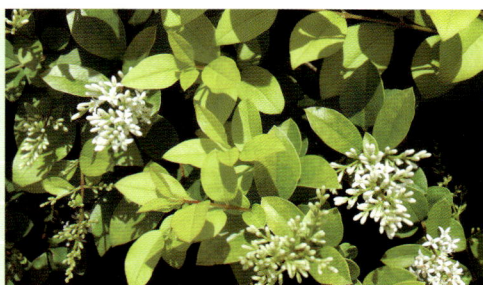

形态： 半常绿灌木，株高 3~5m。枝灰褐色；单叶对生，薄革质，长椭圆形，端渐尖，基部圆形或阔楔形，3~10 月叶片呈金黄色，冬季呈红褐色。5~6 月开小白花，10 月果熟，紫黑色，经冬不落。

习性： 阳性，喜光；适应性强，耐寒，抗干旱，病虫害少；萌芽力强、速生、耐修剪；在强修剪的情况下，整个生长期都能不断萌生新梢。

分布： 由卵叶女贞变种的金边女贞与欧洲女贞杂交而成的新种，1983 年由北京园林科研所从德国引进；现全国各地广泛栽培。

繁殖： 采用播种、扦插繁殖。

应用： 金叶女贞在生长季节叶色呈鲜丽的金黄色，可与红叶、绿叶灌木组成色块，形成强烈的色彩对比，具极佳的观赏效果；也可作绿篱栽植或修剪成球形观赏。

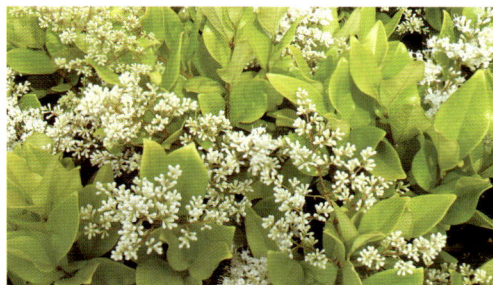

列植

花枝

果实

金森女贞

◎学名：*Ligustrum japonicum* 'Howardii'
◎别名：哈娃蒂女贞
◎科属：木犀科·女贞属

形态： 常绿灌木，株高 2~3m。枝叶稠密，节间短；叶革质，厚实，有肉感；春季新叶鲜黄色，冬季转为褐黄色；花期 5~6 月，小花奶白色，具浓香；10 月果熟，呈紫色。
新开发同属栽培变型：
花叶女贞 *Ligustrum japonicum* 'Jack Frost'

习性： 中性，喜光又耐荫；适应性强，既耐高温又耐寒；抗干旱，病虫害少；萌蘖、萌芽力均强，耐修剪整形。

分布： 原种分布于日本关东以及我国台湾地区，现华北以南地区普遍栽植。

繁殖： 主要采用扦插繁殖。

应用： 金森女贞为日本女贞系列的彩叶新品。可作界定空间、遮挡视线的园林外围绿篱，也可植于墙边、林缘等半荫处，遮挡建筑基础，丰富林缘景观的层次。

金叶女贞
金森女贞
小叶女贞
女贞
金森女贞球
花叶女贞

瓜子黄杨

◎学名：*Buxus sinica* (Rehd. et Wils.)Cheng
◎别名：黄杨　小叶黄杨
◎科属：黄杨科·黄杨属

形态： 常绿灌木或小乔木；树皮淡灰褐色，鳞片状剥落。单叶对生，厚革质，倒卵形或椭圆形，先端圆或微凹，基部楔形，全缘，因近似南瓜子而得名；表面暗绿色，背面黄绿色，叶柄及叶背中脉基部有毛，冬季叶色褐红。花期4月，花簇生于叶腋或枝顶；果期7月，蒴果球形，背裂，熟时紫黄色，种子黑色，有光泽。

习性： 中性、喜光，稍耐荫；喜温暖，在庇荫湿润条件下生长良好；喜疏松肥沃的沙质土壤，耐碱性较强；萌芽力强，耐修剪；生长缓慢，寿命长。

分布： 分布于华北、华东、华南及西南地区，栽培历史悠久。

繁殖： 常用播种或扦插繁殖。

应用： 瓜子黄杨枝叶茂盛，四季常绿，一般用作绿篱或修剪成球形，也可植于疏林下或林缘，并可与红花檵木、金边大叶黄杨等灌木组成色块。因其对多种有毒气体抗性强，并能净化空气，是厂矿绿化的好树种。

瓜子黄杨片植（春色）

瓜子黄杨球（冬色）

雀舌黄杨

◎学名：*Buxus bodinieri* Levl.
◎别名：细叶黄杨
◎科属：黄杨科·黄杨属

形态： 常绿灌木，分枝多而密集，成丛；叶形细长，倒披针形或倒卵状椭圆形，顶端钝圆而微凹，因似麻雀之舌而得名，表面绿色、光亮，叶柄极短。

习性： 中性，喜光，耐半荫；喜温暖湿润和阳光充足环境，较耐寒，耐干旱；喜疏松肥沃和排水良好的沙壤土；萌芽力强，耐修剪；生长缓慢，抗污染，寿命长。

分布： 主要分布于华南地区，现各地普遍栽培。

繁殖： 主要用扦插和压条繁殖。

应用： 雀舌黄杨枝叶繁茂，叶形别致，四季常青，常用于绿篱、花坛和盆栽，也可修剪成各种形状，是点缀小庭院和密植成各种字体图案的好材料。

雀舌黄杨植字

银边六月雪

◎学名：*Serissa japonica cv. Aureo-marginata*
◎别名：满天星　白马骨
◎科属：茜草科·白马骨属

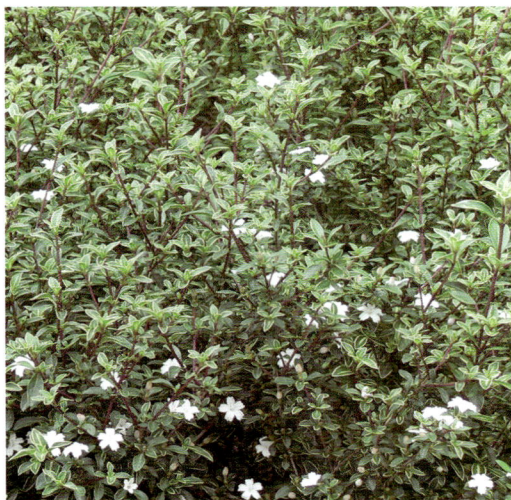

形态：常绿或半常绿灌木，株高约1m，分枝多而稠密，显得纷乱。叶小，对生，薄革质，叶缘银白色，狭椭圆状披针形，先端有小突尖，基部渐狭成柄，叶面和叶柄均具白色微毛，托叶宿存。花期5~6月，花朵小，单生或数朵簇生于小枝顶部，白色微带红晕，花冠漏斗状；小核果近球形。

习性：中性，喜光，耐半荫；喜温暖湿润环境，不甚耐寒；适应性强，耐干旱贫瘠土壤；萌芽、萌蘖力均强，耐修剪整形。

分布：原产于江苏、浙江、江西、广东等省；日本也有分布。

繁殖：常用扦插或分株繁殖。

应用：银边六月雪初夏繁花点点，一片白色，并至秋天开花不断；适应性强，可丛植或群植于林下、河边、墙旁，也可作花径、花境、花篱及下木配植。老桩古雅多姿，可制作为盆景欣赏；小苗经造型扎成微型盆景，也很别致。

金丝桃

◎学名：*Hypericum monogynum* Linn.
◎别名：金丝海棠　土连翘
◎科属：藤黄科·金丝桃属

形态：常绿或半常绿灌木，高约0.8~1.5m。枝叶密生，树皮灰褐色；小枝对生，红褐色。单叶对生，长椭圆形，先端尖，基部渐狭而稍抱茎，叶表面绿色，背面粉绿色，具透明腺点，全缘。盛花期5~6月，少数花开至9月，金黄色花，单生或3~7朵集合成聚伞花序，顶生；蒴果卵圆形，9~10月成熟。

同属常用栽培种：

金丝梅 *Hypericum patulum* Thunb. 半常绿小灌木，小枝暗红褐色，拱曲，有两棱。单叶对生，叶柄极短。花期5~7月，花单生枝顶，金黄色。

习性：为温带、亚热带树种，中性，喜光，略耐荫，稍耐寒；喜排水良好、湿润肥沃的砂质土壤，忌积水；根系发达，萌芽力强，耐修剪。

分布：主产于华北、华东地区以及四川、广东等省；日本也有分布。

繁殖：可用播种、分株及扦插等法繁殖。

应用：金丝桃枝叶丰满，开花时节色彩鲜艳，绚丽可爱，可丛植或群植于草坪、树坛的边缘和墙角、路旁等处；华北多行盆栽观赏，也可作为切花材料。

金丝桃

金丝梅

八角金盘

◎学名： *Fatsia japonica* (Thunb.)Decne.et Planch.

◎别名：八金盘　八手　手树

◎科属：五加科·八角金盘属

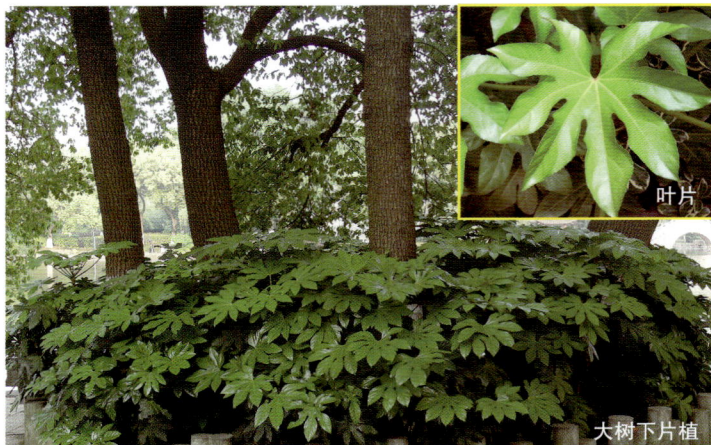

叶片

大树下片植

形态： 常绿灌木，常数杆丛生。叶大，掌状，深裂成5~9角，基部心形或楔形，革质有光泽，边缘有锯齿或波状。10~11月开花，白色，伞形花序集成圆锥花序，顶生；翌年4月果熟，浆果近球形，紫黑色，外被白粉。

习性： 阴性，极耐荫；喜温暖湿润环境，不甚耐寒；较耐湿，忌干旱，畏酷热和强光暴晒，在荫蔽的环境和湿润的土壤中生长良好；萌蘖性强。

分布： 原产于我国台湾地区与日本；现长江流域以南地区普遍栽植应用。

繁殖： 常用播种或扦插法繁殖。

应用： 八角金盘叶形大而奇特，是优良的观叶植物，适宜配置于庭前、门旁、窗边、墙隅、立交桥下或片植作疏林的下层植被；北方常盆栽，供室内绿化观赏；其对二氧化硫抗性较强，也是厂矿、街道绿化的好材料。

花枝

幼果

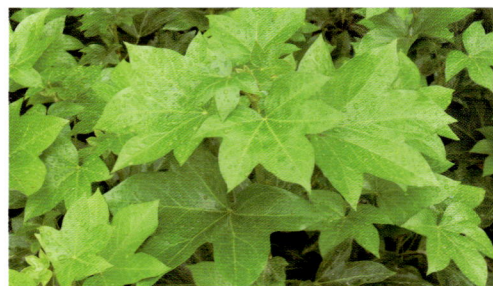

熊掌木

◎学名： *Fatshedera* lizei

◎别名：五角金盘

◎科属：五加科·熊掌木属

果枝

片植

形态： 熊掌木为法国植物专家于1912年用八角金盘 Fatsia japonica 与常春藤 Hedera helix 杂交培育而成。常绿半蔓性植物，高可达1m以上；茎初生时呈草质，后渐转木质化。单叶互生，掌状五裂，叶端渐尖，叶基心形，全缘；新叶密被毛茸，老叶浓绿而光滑。成年植株在秋季开淡绿色小花。

习性： 阴性，耐荫性强，遇强光直射叶片易黄化；喜温暖和冷凉环境，忌高温，有一定的耐寒力；喜较高的空气湿度，若气温过热，枝条下部叶片易脱落；栽培用土以腐叶土或腐殖质壤土为宜。

分布： 杂交品种，在法国培育而成。现我国长江流域以南地区广为栽培。

繁殖： 常用扦插繁殖，春、秋季为适期。

应用： 熊掌木叶形奇特美观，叶色四季青翠，且具极强的耐荫能力，适宜在树林下、立交桥下、房前屋后庇荫处列植、丛植或片植，绿化效果甚好。

桃叶珊瑚

◎学名：*Aucuba japonica* Thunb.
◎别名：青木　东瀛珊瑚
◎科属：山茱萸科·桃叶珊瑚属

形态：常绿灌木，丛生，株高2~3m。小枝粗圆；叶对生，革质，椭圆形至长椭圆形，先端急尖或渐尖，基部广楔形，叶缘疏生锯齿。雌雄异株，3~4月开花，花紫色；浆果状核果短椭圆形，11月成熟，果皮鲜红色。
常用栽培变种：
洒金桃叶珊瑚 *var.variegata* 又名洒金东瀛珊瑚，叶面散生大小不等的黄色或淡黄色斑点。

习性：阴性，极耐荫，·夏日阳光暴晒时会引起灼伤而焦叶；喜湿润、排水良好的肥沃土壤；不甚耐寒，对烟尘和大气污染的抗性强。

分布：原产于日本和朝鲜半岛；现在我国南方各省广泛栽培。

繁殖：常用扦插法繁殖。

应用：桃叶珊瑚是十分优良的耐荫树种，特别是洒金桃叶珊瑚的叶片黄绿相映，十分美丽，宜配植于门庭两侧树下、庭院角隅、池畔湖边及溪流林下；在华北地区多见盆栽，供室内布置厅堂、会场之用。

果实

洒金桃叶珊瑚

伞房决明

◎学名：*Cassia corymbosa* Law
◎科属：云实科·决明属

形态：常绿或半常绿灌木，高2~3m。多分枝，枝条平滑，叶长椭圆状披针形，叶色浓绿，由3~5对小叶组成复叶。花期9~10月，花圆锥伞房状，鲜黄色，花瓣阔，3~5朵腋生或顶生。先期开放的花朵，先长成纤长的豆荚；荚果圆柱形，长6~12cm。花实并茂，果实挂至次年春季。

习性：阳性树种，喜光；较耐寒，暖冬不落叶；对土壤要求不严，耐干旱瘠薄；生长快，耐修剪。

分布：原产于南美洲，我国华北及以南地区广泛引种栽培。

繁殖：采用播种繁殖。

应用：伞房决明多杆丛生，植株繁茂，春夏枝叶青翠，秋季黄花满枝，观叶观花皆佳。宜在园林绿化中装饰林缘，或作低矮花坛、花境的背景材料，孤植、丛植和群植均可；也可用于道路两侧绿化或作色块布置。

花枝

果枝

蚊母树

◎学名：*Distylium racemosum* Sieb.et Zucc.

◎别名：蚊子树　门子树

◎科属：金缕梅科·蚊母树属

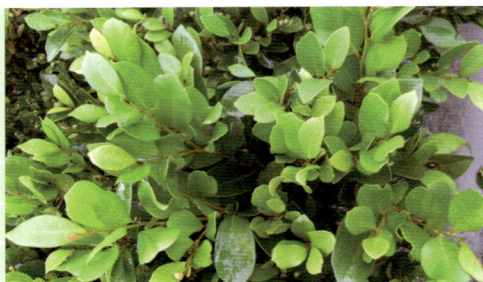

花枝

果枝

形态： 常绿小乔木或灌木，树冠开展。叶互生，革质，椭圆形或倒卵形，顶端钝，基部宽楔形。花期4月，总状花序腋生，花于新叶展放后开放，萼齿大小不等，无花瓣，花药深红色。果期10月，蒴果木质，卵圆形，顶端具2尖头，成熟时2瓣裂。

习性： 中性，喜光，稍耐荫，喜温暖湿润气候；对土壤要求不严，但排水必须良好；萌芽力强，耐修剪。

分布： 分布于我国浙江、福建、台湾和广东等地；朝鲜半岛也有。

繁殖： 常用播种和扦插繁殖。

应用： 蚊母树为普通绿化树种，可种植于路旁、公园、草坪内外以及大乔木下，也可用于工矿厂区绿化。

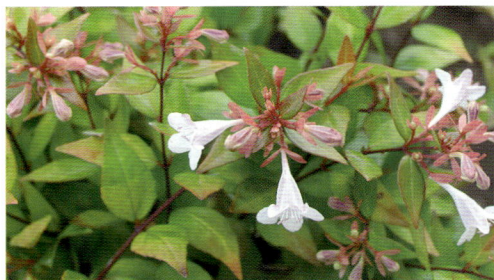

片植

金叶大花六道木

◎学名：*Abelia grandiflora* 'Aurea'

◎别名：六条木　双花六道

◎科属：忍冬科·六道木属

形态： 常绿或半常绿灌木；幼枝被倒生刚毛；叶对生或3叶轮生，叶长圆形披针形，全缘或疏生粗齿，具缘毛，先端尖至渐尖。双花生于枝鞘，无总梗；花冠白色至淡红色，裂片4，花萼筒被短刺毛；花期5~11月，少数花开至12月。瘦果圆柱形，微弯，疏被刺毛。

习性： 中性，喜半荫；适应性强，对土壤要求不高，酸性和中性土都可以，耐干旱瘠薄；萌蘖力很强，耐修剪。

分布： 原产于江西、湖南、湖北、四川等地。

繁殖： 常用播种、扦插或分株繁殖。

应用： 大花六道木枝条柔顺下垂，树姿婆娑，无论是作为园中配植，还是用作绿篱和花境的群植，都很合宜；开花时节满树白花，玉雕冰琢，晶莹剔透；更为可贵的是即使白花凋谢，红色的花萼还可宿存至冬季，具较高的观赏价值。

花篱

盆栽

黄金茶

◎学名：*Camellia sinensis 'golden leaf'*
◎科属：山茶科·山茶属

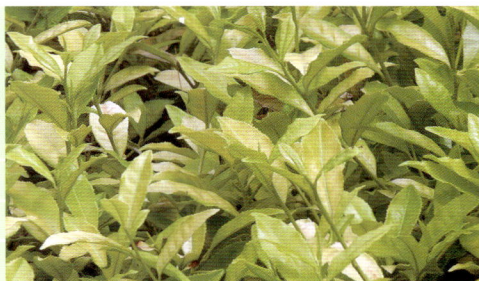

形态： 茶的变型，常绿灌木。单叶互生，革质，叶缘有锯齿，新叶金黄色。花两性，生于叶腋，花梗明显，花期10~11月；果期翌年10~11月，蒴果木质，室背开裂，每室一种子。

习性： 中性，喜光又耐荫，忌强光直射，夏季易发生局部焦叶现象；喜酸性至中性土壤，不耐干旱瘠薄；萌发力强，耐修剪。

分布： 主要分布于我国南部和西南地区。

繁殖： 主要采用播种和扦插繁殖。

应用： 黄金茶为新开发的观叶植物，主要用作绿篱或色块，可与红叶、绿叶的灌木搭配，组成不同形状的色彩图案。

茶的花枝

黄金茶花枝

滨柃

◎学名：*Eurya emarginata* (Thunb.)Mak.
◎科属：山茶科·柃木属

形态： 常绿灌木，嫩枝圆柱形，密生黄棕色短柔毛。叶革质，倒卵形，圆头，常微凹，边缘有细锯齿。花白色，单生或簇生叶腋。浆果球形，成熟时蓝黑色。

习性： 中性，喜光，耐半荫；喜温暖、阴湿环境，要求肥沃而排水良好的土壤；生长缓慢，抗潮风力强，耐盐碱。

分布： 分布于我国东南部滨海山地疏林中；日本也有。

繁殖： 以扦插繁殖为主，也可播种和分蘖繁殖。

应用： 滨柃适于海岸园林绿化荫蔽地丛栽，或作绿篱，也可盆栽制作盆景。

丛植

盆景

菲吉果

◎**学名**：*Feijoa sellowiana* O.Berg
◎**别名**：南美稔
◎**科属**：桃金娘科·南美稔属

形态：常绿灌木，叶对生，椭圆至长椭圆形，下面有稠密白色茸毛。花期5月，花单生，花瓣外面有白色茸毛，内面带紫色，雄蕊与花柱暗红色。

习性：中性，喜光，稍耐荫；喜温暖湿润气候，但能耐低温；对土壤要求不严，适生于排水良好、湿润肥沃的土壤；萌芽力强，耐修剪整形。

分布：原产南美洲，现长江流域以南地区有引种栽培。

繁殖：以播种为主，也可扦插或压条繁殖。

应用：为新引种的绿化观赏树种，园林栽培以球形为主，也可列植、丛植或片植配置。

幼果

片植

地中海荚蒾

◎**学名**：*Viburnum tinus* Thunb.
◎**科属**：忍冬科·荚蒾属

形态：常绿灌木，树冠呈球形，全株被星状绒毛。叶长椭圆披针形，全缘或具小锯齿，深绿色。复伞状聚伞花序顶生，单花小，花蕾粉红色，花蕾期长达5个多月，为冬日增添了暖意和生气；盛花期4~5月，红云般的花蕾绽放成雪白一片。果期9~10月，果卵形，深蓝黑色。

习性：中性，喜光又较耐荫；喜温暖湿润的环境，忌涝；喜深厚肥沃、排水良好的沙质土壤；较容易分化花芽，一二年生幼树常见开花。

分布：原产于欧洲地中海地区，现长江三角洲地区有引种栽培。

繁殖：采用播种或扦插繁殖，种子宜秋播，全年均可进行扦插。

应用：地中海荚蒾生长快速，枝叶繁茂，耐修剪整形，适于作绿篱或片植成色块，是长江三角洲地区冬季观花植物中不可多得的常绿灌木。

片植

花枝

果枝

香港四照花

◎学名：*Dendrobenthamia hongkongensis* (Hemsl.) Hutch.
◎别名：山荔枝　糖黄子树
◎科属：山茱萸科·四照花属

形态： 常绿小乔木或灌木，高 5~10m。幼枝绿色，疏被褐色贴生短柔毛，老枝浅灰色或褐色，无毛。单叶对生，椭圆形至长椭圆形，表面深绿色，有光泽，背面淡绿色，深秋霜后转为褐红色；中脉在表面明显，背面凸出，侧脉 3~4 对，弓形内弯，在表面不明显或微下凹，背面凸出。花期 5~6 月，头状花序球形，约由 50~70 朵小花聚集而成，花小，淡绿色；花序基部有 4 枚乳黄色花瓣状总苞片，宽椭圆形至倒卵状宽椭圆形。果序球形，成熟时黄色或红色，果期 10~11 月。

习性： 中性树种，喜光，稍耐荫；喜温暖湿润气候，耐寒性亦较强；根系发达，尤其是须根甚多，耐移植；适生于土壤深厚、肥沃、排水良好的坡地，抗干旱，不耐水湿。

分布： 产于浙江、江西、福建、湖南、两广及西南地区。

繁殖： 常用播种、嫁接或扦插繁殖。

应用： 香港四照花树干通直，冠形饱满，春有靓叶，夏观玉花，秋看红果，冬赏红叶，为极具开发利用前景的乡土树种。适用于庭院、公园栽种，可孤植于堂前，列植于路边，也可丛植于草坪边缘；若以常绿树为背景，冬季观叶效果更佳。

果实

冬季枝叶

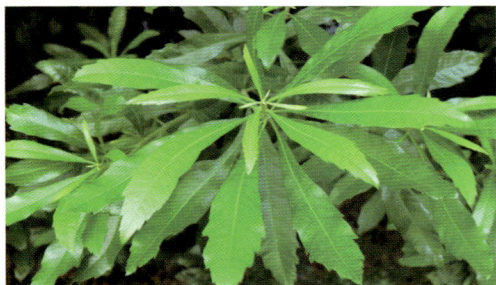

蜡杨梅

◎学名：*Myrica cerifera* Linn.
◎别名：蜡香桃木
◎科属：杨梅科·杨梅属

形态： 常绿小乔木或灌木，株高 3~5m。全株有香气，叶蜡质有光泽，新叶翠绿，叶背布满黄色小腺点。果浅蓝色，果径约 3mm，外包厚厚的蜡层，经冬不落。

习性： 中性树种，喜光，耐半荫；喜温暖、湿润气候，具有一定耐寒力；耐干旱、耐水湿、耐盐碱，适生于沿海地区和沼泽地，适应性强。

分布： 原产于美国沿海地区，本世纪初引进我国，现广泛用于山东、江苏、浙江、福建、广东等省沿海地带绿化。

繁殖： 采用播种、嫁接、扦插繁殖。

应用： 蜡杨梅引种于含盐 0.4% 以上、pH 值 9 以上的新围滩涂地上，生长良好，是目前我国沿海盐碱地防护林主要树种之一，也可用于公园、庭院的绿化。其叶子揉搓有浓烈香气，具有提神醒脑之功效；果实具有药用价值，放在橱柜或抽屉中，用于驱虫。

果枝

杨梅　　　　蜡杨梅

柑　橘

◎学名：*Citrus reticulata* Blanco

◎别名：桔树　桔子

◎科属：芸香科·柑橘属

花枝

幼果

形态： 常绿小乔木或灌木，株高 3~6m。小枝较细弱，常有短刺；叶椭圆状卵形，先端钝常凹缺，基部楔形，钝锯齿不明显，叶柄的翅很窄近无翅。3~4 月开花，花白色，单生或簇生叶腋，具芳香；果扁球形，10 月成熟，外果皮橙红色或橙黄色，挂果期较长。

习性： 中性，喜光，稍耐荫，光照不足只长枝叶不开花；喜温暖湿润、通风良好的小气候，不耐寒；忌积水，根系有菌根共生。

分布： 我国是柑橘的原产地，有 4000 多年的栽培历史，主产区有四川、湖南、湖北、江西、浙江、福建、广东、广西、台湾等地。

繁殖： 以嫁接为主，亦可播种或压条繁殖。

应用： 柑橘树姿浑圆，四季常青，春季白花芳香，秋季果实累累，是著名的食用与观赏果树；宜在庭园、门旁、屋边、窗前种植，也可种植于草坪、林缘；因其挂果期较长，亦是春节传统的盆栽观果树种。

金　桔

◎学名：*Fortunella margarita* (Lour.) Swingle

◎别名：金橘　马水橘　牛奶柑

◎科属：芸香科·金橘属

形态： 常绿小乔木或灌木，株高 2~4m。多分枝；叶长圆形，先端尖，全缘或具不明显细锯齿，有散生腺点。3~4 月开花，花两性，单花或 2~3 朵集生于叶腋，白色，有芳香；果实矩圆形或卵圆形，10 月成熟，外果皮金黄色，经冬不落。

习性： 中性，喜光，稍耐荫；喜温暖湿润和阳光充足的小气候，较耐寒，稍耐旱。

分布： 原产我国南部地区；长江以南地区可露地栽植，江北以盆栽为主。

繁殖： 常用嫁接法繁殖。

应用： 为我国传统盆栽珍品。柑果味酸甜可口，南方暖地栽植作果树，果生食或制作蜜饯，入药能理气止咳。因其挂果期长，盆栽金桔在春节时很畅销，俗称"年桔"，装点雅室，具丰收、喜庆、旺财之寓意。

枝叶

成熟果实

05

落叶阔叶乔木

在植物分类上，根据阔叶树冬季是否落叶，分为常绿阔叶树和落叶阔叶树两大类；依据其成年树的干形和高度，又分为乔木型、小乔木型和灌木型。本节介绍落叶阔叶乔木型（有明显的主干，高度在10m以上）树种。此类树种高大挺拔，树冠宽广，夏季叶密荫浓，秋季叶色丰富多彩，冬季落叶采光效果好，故在园林应用上用量甚大，需重点学习掌握。

银　杏

◎学名：*Ginkgo biloba* Linn.

◎别名：白果树　鸭掌树　公孙树

◎科属：银杏科·银杏属

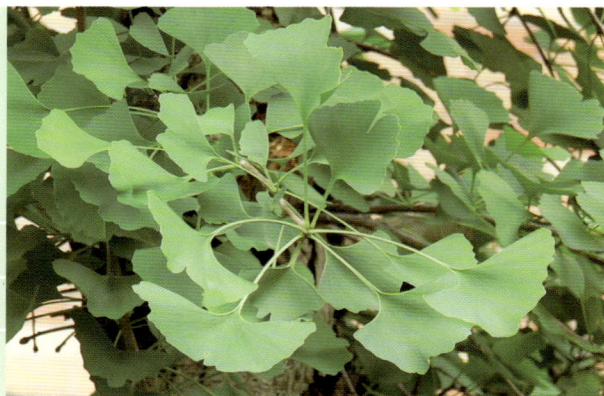

形态： 落叶大乔木，树高达30~40m，胸径达3m。树冠广卵形，树皮灰褐色，深纵裂；主枝斜出，近轮生，枝有长枝和短枝。叶扇形，有二叉状叶脉，顶端常2裂，基部楔形，有长柄；叶在长枝上互生，在短枝上簇生。花期4~5月；雌雄异株，球花生于短枝顶端的叶腋或苞腋；雄球花4~6朵，无花被，长圆形，下垂，呈柔荑花序状；雌球花亦无花被，有长柄。种子核果状，椭圆形，9~10月成熟；外种皮橙黄色，肉质，有臭味；中种皮白色、骨质；内种皮薄衣状；胚珠可食。

习性： 阳性树种，不耐荫；耐寒性强，适应性广，较耐干旱，不耐积水；深根性，寿命很长，少数可达千年以上；对大气污染有一定的抗性。

分布： 为我国特产，最古老的孑遗植物之一。浙江西天目山尚有野生状态的银杏，我国沈阳以南、广州以北广为栽培；世界各大洲均有引种。

繁殖： 以播种为主，亦可扦插、嫁接或分蘖繁殖。

应用： 银杏为第四纪冰川后的孑遗植物。其树干挺拔，雄伟壮丽，冠阔如盖，叶形奇美，秋叶金黄，赏心悦目。在园林中宜孤植作庭荫树，列植作行道树；也可与其它色叶树种及常绿树种混植，秋季景色尤佳；老根古桩还可制作盆景观赏。

秋景

秋叶

中种皮骨质

多干丛生型

银杏盆栽

未熟种子

成熟种子

鹅掌楸

◎**学名：** *Liriodendron chinense* (Hemsl.)Sarg.

◎**别名：** 马褂木

◎**科属：** 木兰科·鹅掌楸属

形态： 落叶大乔木，树高达 30~40m，胸径达 2.5m。树干挺拔，树皮灰色，老时交错纵裂；小枝灰色或灰褐色，具环状托叶痕。单叶互生，形似马褂，先端截形或微凹，叶柄长。花两性，单生枝顶，杯形，黄绿色，花期 4~5 月。聚合果纺锤形，种子 10~11 月成熟。

常用同属杂交品种：

杂交马褂木 *L.chinense × L. tulipifera* 由南京林业大学著名林木育种专家叶培忠教授于 1963 年以中国鹅掌楸为母本、北美鹅掌楸为父本杂交选育而成。其树形、叶、花皆与鹅掌楸相似，但生长势与抗逆性均明显优于鹅掌楸。现广泛种植于华北以南广大地区，其中"杂交马褂木之王"生长于（杭州富阳）中国林科院亚热带林业研究所办公楼前。

习性： 阳性树种，喜光；深根性，耐干旱，耐寒性强，遇 −20℃ 的低温不受冻害；在排水良好的酸性或微酸性的土壤上生长良好；生长快，抗性强，病虫害少，寿命较长。

分布： 分布于我国长江以南各省区，现华北地区园林中也有栽培应用。

繁殖： 以播种为主，也可扦插繁殖。

应用： 鹅掌楸与杂交马褂木树形高大，树冠圆整，枝叶繁茂，绿荫如盖，春末夏初满树绿叶黄花，叶奇花美，蔚为壮观。宜作庭荫树与行道树，亦可丛植、群植于公园草坪角隅及街坊绿地；其对有害气体的抗性较强，也是工矿厂区绿化的良好树种。

▲ 杂交马褂木花枝　　　　▲ 杂交马褂木果枝

杂交马褂木秋叶

公园列植

杂交马褂木大树形态

白玉兰

◎**学名**：*Magnolia denudata* Desr.

◎**别名**：玉兰　木兰　望春花

◎**科属**：木兰科·木兰属

盛花景观

识别要点：叶片倒卵形

果实

形态：落叶乔木，树高 10~15m。树冠广卵形，树皮深灰色，老时粗糙开裂。单叶互生，先端圆宽倒卵形，全缘。花期 2 月中旬~3 月中旬，叶前开放，白色，稍有芳香；花梗显著膨大，顶生直立，长圆状倒卵形。聚合果圆柱形，蓇葖木质；8~9 月种熟，种皮鲜红色，种子斜卵形或宽卵形。

习性：阳性树种，喜光，具较强的抗寒性；适生于土层深厚的微酸性或中性土壤，肉质根，畏涝忌湿，不耐盐碱；对二氧化硫、氟化氢等有毒气体有较强的抗性；深根性，寿命较长。

分布：产于我国中部地区，现国内外园林绿地普遍栽培。

繁殖：可用播种、扦插、嫁接及压条等法繁殖。

应用：白玉兰先花后叶，花朵洁白醒目，早春开花时犹如雪涛云海，蔚为壮观；为我国著名的传统观花树种，已有 2500 多年的栽培历史。古时常在厅前院后与海棠类树木配植，名为"玉兰堂"；亦可在庭园路边、草坪角隅、亭台前后、漏窗内外或洞门两旁等处种植，古雅成趣。

白玉兰花朵

种子　　　花蕾

红玉兰

◎**学名**：*Magnolia diva* Stapf.

◎**别名**：红花木兰

◎**科属**：木兰科·木兰属

枝叶与幼果

形态：落叶乔木，树高 10~15m。树冠卵圆形，树皮灰褐色，老时粗糙开裂。叶宽卵状椭圆形，互生，全缘。花期 3 月上旬~4 月上旬，先花后叶，稍有芳香，花瓣紫红色。聚合果圆柱形，顶生直立，蓇葖木质；9~10 月种熟，种皮鲜红色，种子宽卵形。

习性：阳性树种，喜光，具较强的抗寒性；适生于土层深厚的微酸性或中性土壤，畏涝忌湿，不耐盐碱；对有毒气体有一定的抗性。

分布：产于我国中南部地区，现国内外园林绿地普遍栽培。

繁殖：可用播种、扦插、嫁接及压条等法繁殖。

应用：红玉兰先花后叶，紫红色花鲜艳悦目，为我国传统观花树种，栽培历史悠久。宜在庭院中孤植，在园路边列植，或在草坪角隅丛植，古朴高雅，美化效果甚好。

红玉兰大树形态

左：红玉兰，右：白玉兰

红玉兰群植

二乔玉兰

◎**学名**：*Magnolia soulangeana* Soul.- Bod.
◎**别名**：二乔木兰
◎**科属**：木兰科·木兰属

花枝

大树形态

幼果

形态：为玉兰与紫玉兰的杂交种，落叶乔木，树高10~15m。小枝无毛；叶片卵状长椭圆形。花期3月上旬~4月上旬，先叶开放，花朵基部紫红色，上部奶白色；花被片6~9片，外轮3片常较短。果期9~10月，聚合果，蓇葖卵形或倒卵形，熟时褐色，具白色皮孔；种子深褐色，微扁。

习性：阳性树种，喜光，耐寒、耐旱性较父母本强；土壤适应性较广，但不耐低洼积水；对有毒气体有一定的抗性。

分布：在国内外庭园中普遍栽培。

繁殖：常用播种、嫁接或扦插繁殖。

应用：二乔玉兰抗性强，适应性广，开花时节繁花满枝，赏心悦目，宜孤植为庭荫树，列植为行道树，也可在草坪边缘、亭台前后丛植、群植，均甚相宜。

飞黄玉兰

◎**学名**：*Magnolia denudata* Desr. cv. Fe Wang
◎**别名**：黄花木兰　黄玉兰
◎**科属**：木兰科·木兰属

小树形态

花枝

枝叶

形态：飞黄玉兰是在白玉兰中选育芽变枝，经多代无性繁殖，稳定性良好。落叶乔木，母体树高已达10m。花期3月下旬~4月下旬，金黄色，稍有香味；果期9~10月。

习性：阳性树种，喜光，喜暖热湿润气候，稍耐寒；喜酸性土壤，不耐干旱，忌积水；花期迟，易结果，一般2~3年生嫁接苗即可开花结果。

分布：20世纪九十年代在浙江选育而成，目前全国各地有零星栽培。

繁殖：采用播种、嫁接或高压法繁殖。

应用：飞黄玉兰是木兰属中珍贵的观赏树木。其花可供观赏、闻香及作为妇人头饰，亦可提取香料。在园林中可列植、丛植、群植配置，与开红花的树种搭配，美化效果更佳。

枫 香

◎**学名**：*Liquidambar formosana* Hance

◎**别名**：枫树　路路通

◎**科属**：金缕梅科·枫香属

枫香枝叶与幼果

形态：落叶大乔木，树高达 25~35m，胸径达 2m。树冠宽卵形，树液具芳香。单叶互生，具托叶，掌状 3 裂（幼时 5 裂），先端急尖，缘有锯齿，基部心形或截形，幼叶有毛，后渐脱落；秋季叶色由绿变黄再转红，揉搓叶片有香味。花期 3~4 月，花单性，雌雄同株，无花瓣；雄花无花被，头状花序常数个排成总状，花间有小鳞片混生；雌花长有数枚刺状萼片，头状花序。果期 10 月，蒴果木质，球形，宿存花柱长达 1.5cm，刺状萼片宿存。

新引进同属栽培种：

北美枫香 *L. styraciflua* Linn. 树皮上有木质瘤状凸起，枝上长有木质翅；深秋叶变为红色，比枫香的秋叶更鲜艳夺目。

习性：阳性树种，喜光；喜温暖湿润气候和深厚湿润的酸性或中性土壤，耐干旱瘠薄，不耐长期水湿；对氯气、二氧化硫的抗性较强，并有较强的耐火性和抗风力。

分布：分布于长江流域及以南各地；朝鲜、日本也有分布。

繁殖：常用播种或扦插繁殖。

应用：枫香树干挺拔，冠幅宽大，气势雄伟，入秋叶色转黄或红，为著名的秋色树种。宜作庭荫树与行道树，或丛植、群植于草坪、坡地及池畔；最宜与其他秋色树种混植，形成色彩亮丽、层次丰富的秋季景观。

识别要点：北美枫香枝上有木质翅

北美枫香夏季叶色

枫香秋景

枫香果实

北美枫香秋色

二球悬铃木

◎**学名**：*Platanus acerifolia* (Ait.) Willd.

◎**别名**：悬铃木　英国梧桐

◎**科属**：悬铃木科·悬铃木属

列植

形态：落叶大乔木，为三球悬铃木（法国梧桐）与一球悬铃木（美国梧桐）的杂交种，树高达30~35m，胸径达3m。树皮薄片状不规则剥落，内皮淡绿白色，嫩枝叶密被褐黄色星状绒毛。叶大，掌状3~5裂，基部平截或微心形，中裂片长宽几乎相等。花期4~5月，头状花序，黄绿色；果期9~10月，果序以2个为主，花柱宿存，刺状。

习性：阳性树种，喜光不耐荫，喜温暖湿润气候，亦耐寒；适应性强，耐干旱亦耐湿；深根性，生长迅速，萌芽力强，耐修剪；对烟尘、有害气体有较强的抗性。

分布：在英国伦敦杂交培育而成；我国引种栽培有百余年历史，西北、华北、华东及以南省区常见栽培，生长良好。

繁殖：采用播种或扦插繁殖。

应用：二球悬铃木树形雄伟端庄，树冠广阔，叶大荫浓，适应性与抗性强，故世界各地广泛应用，有"行道树之王"之美称，也是优良的庭荫树种。其对多种有毒气体抗性较强，并能吸收有害气体，作为街坊、厂矿绿化颇为合宜。

一球悬铃木

二球悬铃木

三球悬铃木

叶片

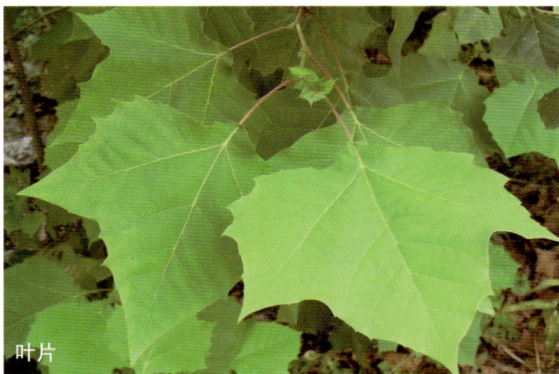

行道树

梧　桐

◎**学名**：*Firmiana simplex* (L.) F.w.Wight

◎**别名**：中国梧桐　青桐

◎**科属**：梧桐科·梧桐属

形态：落叶大乔木，树高 20~25m。树冠卵圆形，树干端直，枝条粗壮；树皮灰绿色，光滑不裂。单叶互生，叶大，掌状 3~5 裂，基部心形，裂片全缘，先端渐尖，表面光滑，背面有星状毛。花单性同株，花期 6~7 月，圆锥花序顶生，花淡黄绿色，无花瓣；雌蕊 5 个心皮，花后分离成蓇葖果，在成熟前开裂成舟形，果瓣叶状；9~10 月果熟，种子大如豌豆，表面皱缩，黄褐色，着生于果瓣边缘。

习性：阳性树种，喜光，喜温暖湿润气候，耐寒性差；肉质根，不适于低洼地及盐碱土；萌芽力弱，不耐修剪；对多种有毒气体有较强抗性。

分布：原产于我国及日本；现华北至华南、西南各省区广泛栽培。

繁殖：常用播种或扦插繁殖。

应用：梧桐树干端直，枝青平滑，叶大形美，绿荫浓密，可孤植于庭院，丛植于草坪边缘及坡地，列植于湖畔、园路两边及街坊，是城镇四旁绿化的常用树种，也是工矿厂区绿化的良好树种。

花枝

梧桐果实

识别要点：树皮青绿色

毛白杨

◎学名：*Populus tomentosa* Carr.

◎别名：大叶杨

◎科属：杨柳科·杨属

形态：落叶大乔木，高达30~40m。树冠宽圆锥形，树皮幼时青白色，皮孔菱形，老年树皮纵裂；嫩枝灰绿色，密被灰白色绒毛。长枝之叶三角状卵形，先端渐尖，基部心形，缘具缺刻或锯齿，表面光滑或稍有毛，背面密被白绒毛，叶柄扁平，先端常具腺体；短枝之叶三角状卵圆形，缘具波状，叶柄常无腺体。雌雄异株，花期3~4月，叶前开放；蒴果小三角形，种熟期6~7月。

同属常用栽培种：

加拿大杨 *P.Canadensis* Moench. 为美洲黑杨与欧洲黑杨的杂交种。小枝在叶柄下具3条棱脊，叶柄扁长，叶近正三角状卵形。

习性：阳性树种，喜光，生长快速，树干挺直；喜温暖湿润环境，亦耐寒；喜肥沃、深厚的沙质土，对杨树褐斑病和硫化物具有较强的抗性。

分布：我国特产，北起辽南，南达江浙，西至陇东，均有广泛栽植。

繁殖：常用播种、扦插、压条等法繁殖。

应用：毛白杨树干耸立，枝条开展，叶密荫浓，生长快速，宜作背景树、绿荫树和行道树，也是工厂绿化、防护林、纸浆林和用材林的优良树种。

花枝

树干

加拿大杨枝叶

垂 柳

◎学名：*Salix babylonica* Linn.

◎别名：水柳　倒杨柳

◎科属：杨柳科·柳属

形态：落叶乔木，树高10~15m。树冠广卵形；树皮粗糙，灰褐色，深裂。小枝细长下垂，单叶互生，长披针形，缘有细锯齿。花期3~4月，雌雄异株；6~7月果熟，种子细小，外披白色柳絮。

习性：阳性树种，喜光，喜温暖湿润气候，亦较耐寒；根系发达，适应性强，耐水湿，亦能生长于土层深厚之高燥地带；萌生力强，生长迅速。

分布：主要分布于长江流域及以南各省区的平原地区，华北亦有栽培；亚洲、欧洲及美洲许多国家都有悠久的栽培历史。

繁殖：以扦插为主，亦可用种子繁殖。

应用：垂柳枝条细长下垂，随风飘舞，姿态优美，常植于河、湖、池边点缀园景，柳条拂水，倒映叠叠，别具风趣；也可作行道树和护堤树，与花桃相配尤为合宜，初春时节形成"桃红柳绿"之美景。

叶序

花枝

枫　杨

◎**学名**：*Pterocarya stenoptera* C.DC.

◎**别名**：溪沟树　元宝树

◎**科属**：胡桃科·枫杨属

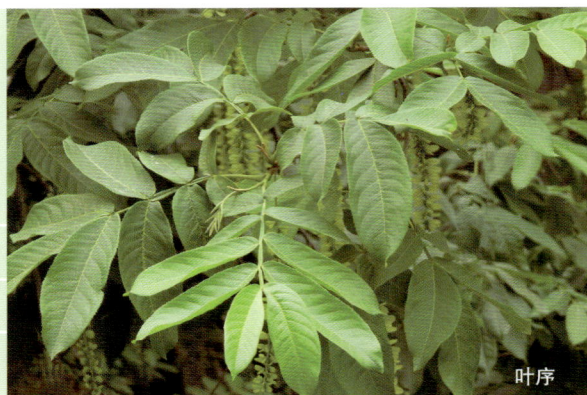
叶序

形态：落叶大乔木，高达 25~30m。树冠扁球形，树皮灰暗褐色、浅裂，枝髓片状；冬芽裸，密被褐色毛，有叠生无柄潜芽。偶数羽状复叶，叶轴具窄翅，叶长椭圆形，缘有细锯齿。花单性同株，雌花序单生于新枝顶端，雄花序单生于上年生枝侧，花期 4~5 月。果实串串元宝状，9~10 月果熟，坚果两侧具翅。

习性：阳性，喜光，稍耐荫；喜温暖湿润环境，较耐寒；对土壤要求不严，耐水湿；深根性，根系发达，生长快，萌芽力强；较耐烟尘和有毒气体。

分布：分布于华北、华东、华南和西南各省区，在淮河流域和长江流域最为常见，朝鲜亦有分布。

繁殖：采用播种、扦插繁殖。

应用：枫杨枝叶茂密，生长迅速，适应性强，在江淮流域和长江流域多栽为庭荫树、行道树、护岸固堤树及营造防风林，也适合用于工矿厂区绿化。

花枝

果实

紫花泡桐

◎**学名：** *Paulownia tomentosa* (Thunb.)Steud.

◎**别名：** 毛叶泡桐　绒毛泡桐

◎**科属：** 玄参科·泡桐属

果枝

形态： 落叶大乔木，树高 20~25m。树冠宽大圆形，树皮浅裂，褐灰色。枝粗大，髓腔亦大，小枝有明显皮孔；冬芽小，2枚叠生。叶大，宽卵形或卵形，表面密被柔毛。花期3月上旬~4月上旬，先花后叶，聚伞花序，花冠钟形，蓝紫色；蒴果卵圆形，9~10月成熟，经冬不落。同属常用栽培种：

白花泡桐 *P. fortunei* 花奶白色，内有紫色斑点。

习性： 强阳性树种，不耐庇荫，对温度适应性宽；肉质根，较耐旱，忌积水，不耐盐碱；对有害气体抗性较强；萌蘖力强，生长快，材质松。

分布： 主产于陕西及河南西部；辽宁南部、黄河中下游及浙江、江西、湖北等地也有栽培；日本、朝鲜、欧洲和北美也有引种。

繁殖： 常用播种、埋根、埋干等法繁殖。

应用： 紫花泡桐树干端直，冠大荫浓，先叶而放的花朵色彩绚丽，宜作庭荫树和行道树；又因其叶大毛多，能吸附灰尘，净化空气，抗有毒气体，故特别适于工厂绿化。

幼果枝

紫花泡桐

白花泡桐

紫花泡桐、白花泡桐盛花景观

合 欢

◎**学名**：*Albizia julibrissin* Durazz.

◎**别名**：绒花树　夜合树　马缨花

◎**科属**：豆科（含羞草科）·合欢属

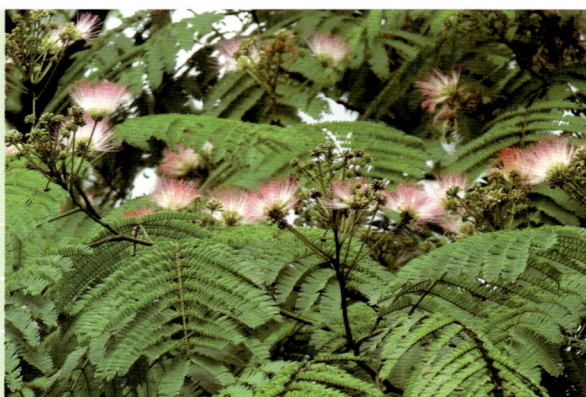

形态：落叶乔木，树高 10~15m。树冠广卵形；树皮灰棕色，平滑。二回偶数羽状复叶互生，羽片对生，小叶镰刀状，中脉明显偏于一边，全缘，无柄，日开夜合。花期长，5~9 月叶腋或顶端开出淡红色头状花序，细长如绒；10~11 月扁长条形荚果成熟，种子小，扁椭圆形。

习性：阳性，喜光，能适应多样气候环境，稍耐寒；对土壤要求不严，耐干旱瘠薄，但不耐水湿；浅根性，具根瘤菌，有改良土壤之效；萌芽力不强，不耐修剪；对有毒气体抗性强。

分布：原产于自黄河流域至珠江流域之广大地区；日本、印度及非洲东部也有分布。

繁殖：主要采用播种繁殖。

应用：合欢树冠开阔，绿荫如伞，叶纤细如羽，独特清奇，春末至秋初粉红花如绒簇，秀丽别致，观花时间长。为优美的庭荫树和行道树，植于房前屋后与草坪林缘均相宜，也可用于街坊绿地、工矿厂区的绿化。

左：银荆枝叶，右：合欢枝叶

花枝

公园列植

果实

槐　树

◎学名：*Sophora japonica* Linn.

◎别名：槐　国槐

◎科属：豆科（蝶形花科）·槐属

形态：落叶大乔木，树高 20~25m。树冠圆球形；树皮暗灰色，纵裂；小枝绿色，有明显黄褐色皮孔；冬芽芽鳞不显，被青紫色毛。奇数羽状复叶，互生；小叶对生，卵状披针形，先端尖，基部圆形至广楔形，背面有白粉及柔毛。5~6月开花，顶生圆锥花序，花蝶形，浅绿白色。荚果于种子间缢缩成念珠状，10月成熟，肉质，悬挂树梢，经冬不落。

同属栽培变种有：

紫花槐 *var.phbescens*　小叶背面有蓝灰色丝状短柔毛，花瓣紫红色。

习性：温带树种，阳性，喜光；喜干冷气候，但在高温高湿的华南也能生长；对土壤适应性强，耐轻盐碱；对烟尘、二氧化硫、氯化氢有较强的抗性；根系发达，生长中速，寿命很长。

分布：原产于我国北部，尤以黄土高原、华北平原最为常见；现南北各地均有栽培；日本、朝鲜、越南也有分布。

繁殖：常用播种繁殖。

应用：槐树俗称国槐，为我国传统之观赏树木，栽培历史久远。其树冠广阔，绿荫如盖，姿态优美，因而是良好的庭荫树和行道树。由于其耐烟抗毒能力强，所以也是厂矿区绿化的良好树种。

紫花槐

果实

刺　槐

◎学名：*Robinia pseudoacacia* Linn.

◎别名：洋槐

◎科属：豆科（蝶形花科）·刺槐属

形态：落叶大乔木，树高 20~25m。树冠椭圆状倒卵形，树皮灰褐色，纵裂，小枝具托叶刺。奇数羽状复叶，互生，小叶 7~19 枚，椭圆形或卵形，先端钝或微凹，全缘。花期 5~6月，花蝶形，白色，有芳香，成腋生下垂总状花序。荚果带状扁平，果熟期 9~10 月，熟时开裂，种子肾形，黑色。

习性：温带强阳性树种，极喜光，忌荫蔽；喜干燥而凉爽气候，耐寒力强；喜排水良好而深厚疏松的土壤，但又耐干旱瘠薄，耐轻度盐碱；浅根性，萌芽力和根蘖性都很强，生长快速，寿命较短。

分布：原产于北美洲，现欧亚各国广泛栽培；19 世纪末我国青岛首先引种，现已遍布全国各地，尤以黄河流域最为多见。

繁殖：采用播种繁殖。

应用：刺槐树体高大，枝叶茂密，花白而芳香，生长势强，既可作庭荫树、行道树，又是四旁绿化、厂矿区绿化及荒山造林的先锋树种，且可用于防风固沙林和轻度盐碱地的绿化。

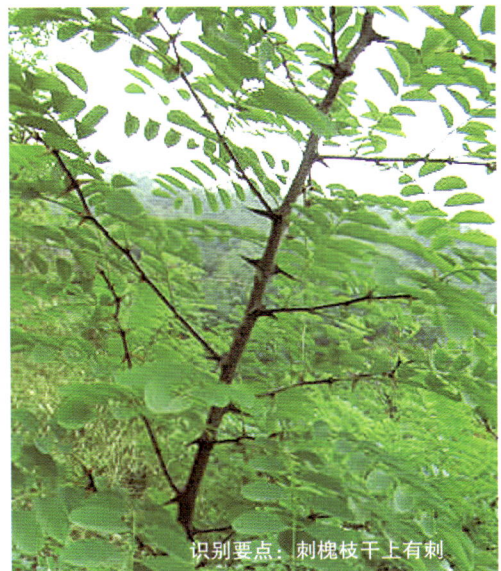

识别要点：刺槐枝干上有刺

无患子

◎**学名**：*Sapindus mukorossi* Gaertn.

◎**别名**：木患子　肥皂树

◎**科属**：无患子科·无患子属

花枝

形态：落叶大乔木，树高 20~25m。树冠广卵形或扁球形，枝开展；树皮灰白色，平滑不裂。偶数羽状复叶，小叶互生或近对生，叶卵状披针形，先端尖，基部不对称，全缘，薄革质，无毛。5~6 月开花，圆锥花序顶生，花黄白色；核果近球形，9~10 月成熟，外果皮黄褐色，种子球形，黑色，坚硬。

习性：阳性树种，喜光，稍耐荫；喜温暖湿润环境，略耐寒；适应性强，对土壤的要求不严，在酸性土、钙质土上均能适应；深根性，抗风力强；萌芽力弱，不耐修剪。

分布：产于长江流域及其以南各省区；越南、老挝、印度、日本也有分布；为低山丘陵及石灰岩山地常见树种。

繁殖：常用播种繁殖。

应用：无患子树姿挺秀，枝叶宽展，秋叶金黄，绚丽悦目，为优良的庭荫树与行道树，孤植于庭院、列植于路旁、丛植于草坪边缘和建筑物周边皆甚合宜；且因其对二氧化硫抗性较强，故也可用于工厂矿区的绿化。

幼果

熟果

秋叶

行道树秋景

栾 树

◎**学名：** *Koelreuteria paniculata* Laxm.

◎**别名：** 灯笼树　摇钱树　木栾树

◎**科属：** 无患子科·栾树属

形态： 落叶大乔木，树高15~20m。树冠近圆球形；树皮灰褐色，细纵裂，小枝皮孔明显。奇数羽状复叶，小叶卵形或椭圆形，先端渐尖，叶缘具不规则粗锯齿，近基部常有深裂片。8~9月开花，圆锥花序顶生，花小，金黄色；蒴果三角状卵形，橘红色或红褐色，10~11月成熟，经冬不落。

同属常用栽培种：

黄山栾树 *K. integrifoliola* T.Chen 又名全缘叶栾树，二回羽状复叶，小叶全缘或有稀疏锯齿。

习性： 阳性树种，喜光，稍耐荫，耐寒；不择土壤，耐干旱瘠薄，也能耐盐渍及短期涝害；深根性，萌蘖力强，生长较快，有较强的抗烟尘能力。

分布： 北起东北南部，南到长江流域，西至甘肃东南部及四川中部，而以华北较为常见；日本、朝鲜亦有分布。

繁殖： 以播种为主，也可分蘖、根插繁殖。

应用： 栾树树体挺拔，冠形整齐，枝叶茂密，入秋黄花满树，深秋红果累累；宜孤植为庭荫树、列植为行道树，或在公园内丛植、群植为风景树。

黄山栾树叶缘近无锯齿（别名：全缘叶栾树）

栾树叶缘有锯齿

栾树秋叶

花枝

果实

榆　树

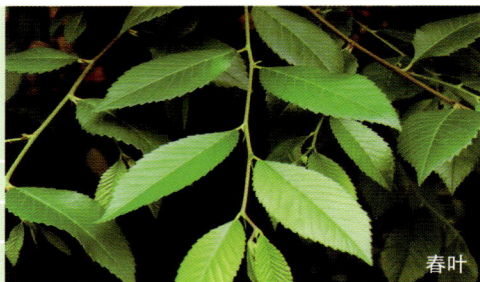
春叶

◎学名：*Ulmus pumila* Linn.
◎别名：白榆　家榆
◎科属：榆科·榆属

大树形态

形态： 落叶大乔木，树高 20~25m。树干直立，枝条开展，形成圆球形树冠。树皮暗灰色，粗糙，纵裂；小枝灰色，细长，有柔毛。叶椭圆状卵形，边缘为不规则单锯齿。花期 3~4 月，先叶开放，紫褐色，簇生于去年生枝上。果期 5~6 月，翅果近圆形，先端有缺口，种子位于翅果中部。

习性： 阳性树种，喜光，耐寒；适应性强，耐干旱，在石灰质冲积土及黄土上生长迅速，在低湿、瘠薄和盐碱地上也能生长；主根深，侧根发达，抗风、保土力强；萌芽力强，耐修剪；抗烟尘与多种有毒气体；虫害较多，应注意及早防治。

分布： 分布于我国东北、西北、华北及华东地区；俄罗斯、朝鲜半岛和日本也有。

繁殖： 以播种为主，宜采后即播，也可分蘖繁殖。

应用： 榆树树干通直，树体高大，叶茂荫浓，适应性强，在园林中常作庭荫树、行道树；在林业上是营造防风林、水土保持林和盐碱地造林的主要树种。其老干古根萌发力强，可自野外掘取制作盆景。

榔　榆

春叶

◎学名：*Ulmus parvifolia* Jacq.
◎别名：桥皮榆　小叶榆
◎科属：榆科·榆属

形态： 落叶大乔木，树高 20~25m。树冠宽球形，树皮灰褐色，不规则鳞片状剥落。叶小质硬，卵状椭圆形，先端尖，基部歪斜，缘具单锯齿，萌芽枝上常为重锯齿，羽状脉。花期 8 月，簇生于叶腋，花萼深裂；翅果卵圆形，形似小铜钱，顶部凹陷，果核居中，10 月成熟。

习性： 阳性树种，喜光，稍耐荫，能适应干凉气候；土壤适应性强，耐干旱瘠薄，在石灰质土也能生长；主根深，侧根发达，抗风力强；生长中速，萌生力强，耐修剪；对烟尘及二氧化硫等有毒气体有较强抗性；病虫害较多，要注意及早防治。

分布： 主产于长江流域及以南地区，华北地区及江苏、浙江栽培较多；日本、朝鲜亦有分布。

繁殖： 以播种为主，亦可分蘖繁殖。

应用： 榔榆树形高大，姿态潇洒，适应性强，颇有野趣；对二氧化硫等多种有毒气体抗性强，耐烟尘，是城乡、厂矿绿化的优良树种，可作行道树、庭荫树或营造防护林等；老根古干，宜作盆景，颇耐观赏。

树桩

树皮

朴 树

◎学名：*Celtis sinensis* Pers.

◎别名：沙朴

◎科属：榆科·朴属

形态： 落叶大乔木，树高 20~25m。树皮灰褐色，粗糙而不开裂；枝条平展。单叶互生，叶卵状椭圆形，基部全缘，不对称，上半部有浅锯齿，三出脉，背脉隆起并疏生毛。花期 4~5 月，淡绿色小花；果熟期 9~10 月，核果近球形，橙红色。

习性： 阳性树种，喜光，稍耐荫，有一定的抗寒能力；对土壤的要求不严，耐轻度盐碱土；深根性，抗风力强；抗烟尘及有毒气体。

分布： 产于淮河流域、秦岭以南至华南各省区，散生于平原及低山区，村落附近习见。

繁殖： 常用播种繁殖。

应用： 朴树树高冠宽，绿荫浓郁，姿态优美，是城乡绿化的优良树种；可作庭荫树、行道树，并可选作厂矿绿化及防风护堤树种；古桩老干还是制作盆景的好材料。

叶背与果实

大树形态

枝叶

珊瑚朴

◎学名：*Celtis julianae* C. K. Schneid.,Schneid.

◎别名：棠壳子树

◎科属：榆科·朴属

形态： 落叶大乔木，树高 20~25m。树冠圆球形，小枝、叶柄、叶背均密被黄褐色绒毛。单叶互生，宽卵形或卵状椭圆形，端渐短尖或尾尖，表面较粗糙，背面密被绒毛，中部具钝锯齿或全缘。花期 4 月，花杂性同株；花序红褐色，状如珊瑚。核果卵球形，熟时橙红色，果熟期 10 月。

习性： 阳性树种，喜光，略耐荫，耐寒；适应性强，不择土壤，耐干旱瘠薄，耐水湿；深根性，抗风力强；抗烟尘及有毒气体，病虫害少，较能适应城市环境。

分布： 原产于我国，分布于黄河流域以南地区。

繁殖： 主要采用播种繁殖。

应用： 珊瑚朴树高干直，冠大荫浓，树姿雄伟，春日红褐色花序，状如珊瑚，入秋又有红果，均颇美观。在园林绿地中常栽作为庭荫树、行道树，也可用作厂矿区绿化及城镇四旁绿化。

叶背

公园列植

秋叶

榉 树

◎**学名**：*Zelkova schneideriana* Hand.-Mazz.

◎**别名**：大叶榉

◎**科属**：榆科·榉属

从左到右：榆树，榔榆，榉树，朴树

形态：落叶大乔木，树高 20~25m。树冠倒卵状伞形，树干端直，树皮深灰色，不裂。单叶互生，叶卵形或长椭圆形，边缘有整齐的桃形锯齿，表面粗糙，背面密生淡灰色柔毛。花单性同株，花期 3~4 月；坚果小，卵圆形，有角棱，歪斜且具皱纹，果熟期 10~11 月。

习性：为温带中性树种，喜光稍耐荫；喜温暖气候和肥厚湿润土壤，但对石灰质土及轻度盐碱土也能适应；深根性，侧根广展，抗风力强；生长缓慢，寿命较长。

分布：分布于我国黄河流域以南地区，为华北平原五大落叶阔叶用材树种之一；日本及朝鲜半岛也有。

繁殖：采用播种繁殖，种子采后即播或阴干贮藏至翌年早春播种。

应用：榉树高大挺拔，冠似华盖，夏季叶茂荫浓，冬季叶落光透，为华北及以南地区园林常见之观赏树木。宜孤植于草坪边缘、列植于园路两旁、丛植于亭台和池畔，若间植以其他观叶树种，则色彩丰富，引人入胜。且由于其耐烟尘、抗毒气，亦是工矿厂区和城乡四旁绿化的理想树种。

公园丛植

构 树

◎**学名**：*Broussonetia papyrifera* Linn.

◎**科属**：桑科·构属

小树枝叶

形态：落叶乔木，树高 15~20m。树皮浅灰色；小枝红褐色，密生白色绒毛。单叶互生，阔卵形或长卵形，缘有粗齿，叶面有糙毛，叶背密被柔毛。花期 4~5 月，雌雄异株；8~9 月果熟，橙红色。

习性：阳性树种，喜光，稍耐荫；适应性极强，能耐干冷和湿热气候；耐干旱瘠薄与钙质土；生长迅速，萌芽力强；主根较浅，但侧根分布很广；对烟尘及有毒气体抗性强，病虫害少。

分布：分布很广，华北、西北、华南、西南各省区均有，为各地低山、平原常见树种；日本、越南、印度等国亦有分布。

繁殖：可用播种、扦插、埋根、压条等法繁殖。

应用：构树外貌虽较粗野，但枝叶茂密，且具有抗性强、生长快、繁殖容易等优点，仍是城乡绿化的良好树种，尤其适宜于工矿区与荒山坡地绿化，以及营造防护林等。

果枝

秋叶

大树枝叶

喜 树

◎学名：*Camptotheca acuminata* Decne.
◎别名：旱莲木 千丈树 水栗子
◎科属：蓝果树科·喜树属

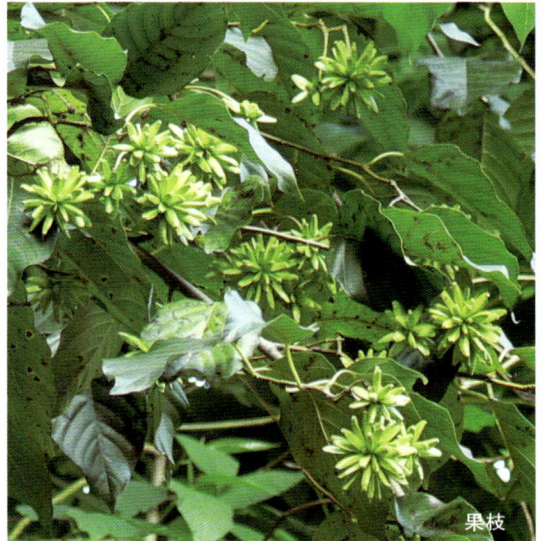

果枝

形态： 落叶大乔木，树高 20~25m。树冠倒卵形；树干端直，树皮光滑，灰白色，侧枝平展，幼时绿色，有突起的皮孔。单叶互生，全缘或具粗锯齿，卵状长椭圆形，羽状脉，上凹下凸，无托叶。花单性同株，花期 5~6 月，球形头状花序顶生或簇生，常数个组成总状复花序；坚果10~11 月成熟。

习性： 中性树种，喜光，稍耐荫；喜温暖湿润环境，不耐严寒；深根性，喜疏松、肥沃、湿润之土壤，不耐干旱瘠薄；不耐烟尘及有毒气体。

分布： 我国特产，长江流域以南各省区均有分布和栽培。

繁殖： 常用播种繁殖。

应用： 喜树高大雄伟，树冠宽展，枝密叶浓，花色清雅，果形奇特，在园林中宜作庭荫树和行道树，也是良好的四旁绿化树种，与常绿阔叶树混植尤为适宜。

识别要点：叶背脉隆起

花枝

七叶树

◎学名：*Aesculus chinensis* Bunge
◎别名：七叶枫 梭椤树
◎科属：七叶树科·七叶树属

秋叶

大树形态

形态： 落叶大乔木，树高 20~25m。树冠庞大，圆球形；树皮灰褐色，片状剥落；小枝粗壮、光滑，冬芽具树脂。掌状复叶对生，小叶 5~7 片，长椭圆形，缘有细锯齿，先端渐尖，基部楔形；秋季叶变黄色。花期 5~6 月，圆锥花序呈梭子状，长 20~30cm，顶生直立，花朵小、白色。果期9~10 月，蒴果近球形，黄褐色无刺，亦无尖头，种子形如板栗，种脐大。

习性： 中性树种，喜光，稍耐荫，怕日灼；喜温暖湿润气候，亦能耐寒；深根性，萌芽力不强，生长缓慢，寿命较长。

分布： 原产于我国黄河流域及东部各省，陕西、河南、山西、河北、江苏、安徽、浙江等地有栽培。

繁殖： 以播种为主，亦可扦插、高压繁殖。

应用： 七叶树挺拔壮丽，冠大荫浓，叶形奇美，花白悦目，为世界著名观赏树木，与悬铃木、椴树、榆树合称四大行道树种。宜作庭荫树及行道树，可配植于庭院、公园、寺院、机关、学校等，孤植、列植、丛植均甚相宜。

乌 桕

◎学名：*Sapium sebiferum* (Linn.) Roxb.
◎别名：乌果树　桕子树　蜡子树
◎科属：大戟科·乌桕属

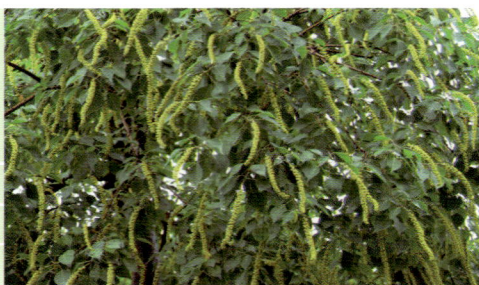

形态： 落叶乔木，树高10~15m。树冠圆球形；树皮暗灰色，浅纵裂；全体无毛，小枝纤细，常含乳液。单叶互生，纸质，菱状广卵形，先端尾尖，全缘，叶柄细长，顶端具两腺体，秋叶变红。5~6月开花，单性同株，花序穗状顶生，黄绿色。蒴果三棱状球形，10~11月成熟，外果皮脱落，种子黑色，外被白蜡，经冬不落。

习性： 阳性树种，喜光不耐荫；喜温暖环境，不甚耐寒；对酸性、钙质土、盐碱土均能适应，稍耐水淹；主根、侧根均发达，抗风力强；对有毒气体的抗性强；虫害较为严重，要注意及时防治。

分布： 原产我国，分布很广；主产于长江流域及珠江流域，以湖北、四川、浙江等省栽培最多；日本、印度亦有少量分布。

繁殖： 一般采用播种法，优良品种用嫁接或埋根法繁殖。

应用： 乌桕树冠整齐，叶形秀丽，入秋转红，绚丽美观；且花期能养蜜蜂，种子可榨油，是南方重要的观赏兼经济树木。在园林绿化中宜作庭荫树、行道树及护堤树，可孤植、丛植于草坪、湖畔、池边，若与亭廊、花墙、山石等相配，景色尤佳。

春叶

秋叶

果实

重阳木

春叶

◎学名：*Bischofia polycarpa* (Levl.) Airy Shaw
◎别名：胡杨树　端阳木　秋枫
◎科属：大戟科·秋枫属

形态： 落叶乔木，树高10~15m。树冠伞形，干形端直，大枝斜展；树皮褐色，浅纵裂。叶柄长，端部三出叶，卵圆形，先端突尖，缘有细锯齿。花单性，雌雄异株，花期4~5月，花与叶同放；果实浆果状，10~11月成熟。

习性： 阳性，喜光，稍耐荫；喜温暖气候，略耐寒；对土壤要求不严，耐干旱瘠薄，又耐水湿；根系发达，抗风力强。虫害较为严重，要注意及时防治。

分布： 产于长江中下游地区，江苏、浙江、福建、湖南、湖北、四川、贵州等省有分布。

繁殖： 常用播种繁殖。

应用： 重阳木树姿优美，早春嫩叶鲜绿光亮，入秋叶色转红，艳丽悦目，为优良的庭荫树和行道树；由于其耐水湿，亦可作堤岸绿化树种。

果枝

行道树

桤 木

◎学名：*Alnus cremastogyne* Burk.
◎别名：四川桤木
◎科属：桦木科·桤木属

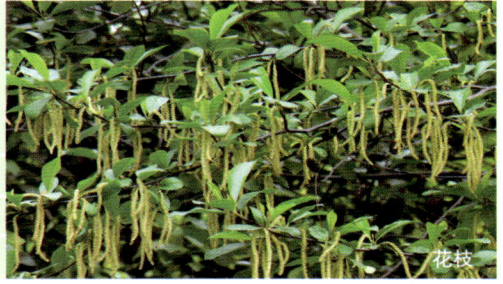
花枝

形态： 落叶大乔木，树高 20~25m。树干通直，树皮灰褐色，鳞状开裂。叶椭圆状倒披针形，先端突短尖，疏生细钝锯齿。花期 3~4 月；果熟期 10~11 月。

习性： 阳性树种，喜光，喜温暖湿润气候，稍耐寒；对土壤适应性强，酸性至微碱性土均能生长，亦耐水湿及贫瘠干燥的环境。

分布： 产于四川、贵州北部、陕西南部，安徽、湖南、湖北、江西、浙江、江苏等地也有栽培。

繁殖： 主要采用播种繁殖。

应用： 桤木树体高大，树枝开展，冠大荫浓，适宜于公园绿地及低湿地绿化，亦可作防护林、公路、河滩绿化等，能起到固土护岸、改良土壤之作用。

春叶

果实

大树形态

杜 仲

杜仲老枝叶

◎学名：*Eucommia ulmoides* Oliv.
◎科属：杜仲科·杜仲属

形态： 落叶乔木，树高 15~20m。树冠卵圆形，小枝光滑，无顶芽，有片状髓心，枝、叶、果及树皮均有弹性丝状胶质。叶椭圆状卵形，缘有锯齿，叶表面网脉凹下，呈皱纹状，叶撕断后有丝状胶质相连。花单性，雌雄异株，无花被；雄花簇生，雌花单生于新梢基部；花期 4 月，叶前开放或与叶同放。翅果狭椭圆形，扁平，果熟期 9~10 月，黄褐色。

习性： 阳性树种，喜光不耐荫；喜温暖湿润环境，亦耐寒；对土壤要求不严，轻度钙质土、盐碱土也能适应，稍耐干旱及水湿；深根性，萌芽力强，生长速度较快。

分布： 我国特产，主产于中部及西部，秦岭、淮河以南广泛栽培，尤以四川、贵州、湖北为著名产区。

繁殖： 常用播种繁殖。

应用： 杜仲树干挺拔，枝叶舒展，树姿优美，叶绿油光，为理想的庭荫树，也可丛植于坡地、池边或与常绿树混交成林，均甚相宜。杜仲的树皮可作中药，具有活血化瘀之功效。

新叶

果

识别要点：叶片中含杜仲胶

苦　楝

◎学名：*Melia azedarach* Linn.

◎别名：楝树　森树

◎科属：楝科·楝属

形态： 落叶乔木，树高 15~20m。枝条开展，树冠近平顶状，树皮暗褐色，浅纵裂；嫩枝及嫩叶背面有星状细毛，小枝粗壮，皮孔多而明显。2~3 回奇数羽状复叶，互生，小叶卵状披针形，先端较尖，缘有锯齿或裂。花两性，复聚伞花序，淡紫色，花期 4~5 月；核果近球形，径 1~1.5cm，10~11 月成熟，橙黄色，宿存枝上，经冬不落。

习性： 阳性树种，喜光不耐荫；喜温暖湿润环境，不甚耐寒；对土壤要求不严，钙质土、盐碱土也能适应，稍耐干瘠薄及水湿；深根性，萌芽力强，生长快速。

分布： 产于我国华北南部至华南、西南地区，多生于低山及平原；印度、缅甸亦有分布。

繁殖： 以播种为主，也可分蘖繁殖。

应用： 苦楝树干通直挺拔，树冠圆整，羽叶舒展，叶形秀丽，春末开淡紫色花，素雅悦目。为优良的庭荫树、行道树，可孤植、列植、丛植于池边、坡地、游憩道两侧以及草坪边缘；又是江南地区工厂、街坊、公路与铁路沿线、江河两岸、海涂等处绿化造林的重要树种。

枝叶与花

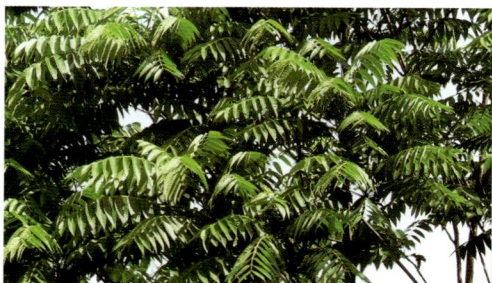

香　椿

◎学名：*Toona sinensis* (A.Juss.)Roem.

◎别名：红椿

◎科属：楝科·香椿属

▶ **识别要点：** 偶数羽状复叶

叶缘具微锯齿

嫩叶可做菜食用

列植

形态： 落叶大乔木，树高 20~25m。树干通直，树皮赭褐色，窄条片状剥落，小枝粗壮，幼枝被白粉，叶痕大，扁圆形。羽状叶丛生枝端，为偶数（稀奇数）羽状复叶，小叶 10~22 枚，卵状披针形，新叶有香气，可食用。花两性，圆锥状复聚伞花序顶生，花白色，具芳香，花期 5~6 月。蒴果长椭圆形，果熟期 9~10 月，种子多数，一端有扁平膜质的翅。

习性： 阳性树种，喜光不耐荫；喜温暖湿润气候，耐寒性较差；土壤适应性广，酸性、中性及钙质土均能生长，也能耐轻度盐渍土，较耐水湿；浅根性，萌生力强，生长快。

分布： 分布于辽宁南部、华北及以南的广大地区。

繁殖： 以播种为主，也可根插繁殖。

应用： 香椿树高冠大，枝叶浓密，春季新叶褐红，既可观赏又可食用，为优良的庭荫树、行道树。其木材红褐色，纹理细，是造船、制家具的优质木材。

臭 椿

◎学名：*Ailanthus altissima* (Mill.)Swingle
◎别名：白椿　樗树
◎科属：苦木科·臭椿属

奇数羽状复叶

叶基部有2~4个腺点

大树形态

形态： 落叶乔木，树高25~30m。树皮幼时光滑，老时有浅裂纹；枝粗壮开展，缺顶芽，叶痕大，倒卵形。奇数（稀偶数）羽状复叶，互生，小叶卵状披针形，基部有2~4个腺点，有臭味。5~6月开花，圆锥花序顶生，花黄白色；果期9~10月，翅果，褐色。

习性： 阳性树种，喜光不耐荫；适应性强，耐寒，耐干旱瘠薄，不耐水湿；深根性，根系发达，耐盐碱；对烟尘与有害气体的抗性较强，病虫害较少。

分布： 原产于我国东北南部、华北、西北至长江流域各地；朝鲜、日本也有分布。

繁殖： 主要采用播种繁殖。

应用： 臭椿树干通直高大，树冠圆整，姿态优美，是良好的庭荫树和行道树。对有毒气体抗性强，并有吸尘抗烟功能，也是工矿区绿化、盐碱地水土保持及荒山造林的优良树种。

果实

檫 木

◎学名：*Sassafras tzumu* Hemsl.
◎别名：檫树　梓木
◎科属：樟科·檫木属

形态： 落叶大乔木，树高25~30m。树干通直，树冠圆满；树皮幼时黄绿色，平滑不裂，老时灰褐色，不规则深纵裂。小枝绿色无毛，叶多集生枝顶，卵形或倒卵形，全缘或有2~3裂，离基三出脉明显。花期2月中旬~3月中旬，先叶开放；花两性，稀杂性异株，总状花序顶生，金黄色，稍有香味。核果近球形，熟时蓝黑色，外被白粉，果柄上部膨大成棒状，红色，果熟期7~8月。

习性： 为亚热带树种，阳性，喜光，幼苗较耐荫；喜温暖湿润气候，不耐寒；喜生于酸性红壤及黄壤土，不耐旱，忌积水；深根性，萌蘖力强，生长快速；对二氧化硫有一定的抗性。

分布： 分布于长江流域以南地区，以浙江、江西、湖南、湖北一带为多。

繁殖： 常用播种或分蘖法繁殖。

应用： 檫木树干挺拔，姿态优雅，叶形奇特，花色金黄，是良好的绿化与造林树种。可作庭荫树、行道树或与其他树种混植，用作环境防护混交林树种。

花枝

檫木盛花景观

三角枫

◎学名：*Acer buergerianum* Miq.

◎别名：三角槭

◎科属：槭树科·槭属

形态：落叶乔木，树高 15~20m。树冠卵形；树皮暗褐色，薄片状剥落；小枝细，幼时有短柔毛，后变无毛，稍被蜡粉。叶片浅 3 裂，基部圆形或广楔形，基部三出脉明显。4 月开花，花小，黄绿色，伞房圆锥花序顶生；翅果，果翅张开近于平行，果核部分两面凸出，黄褐色，9 月成熟。

同属常用栽培种：

元宝枫 *Acer truncatum* Bunge 叶片浅 5 裂，基部广楔形，翅果弯曲成元宝形。

习性：弱阳性树种，喜光稍耐荫；喜温暖湿润环境，亦较耐寒；适生于中性至酸性土壤，较耐水湿；根系发达，萌芽力强，耐修剪造型。

分布：主要分布于长江中下游各省，北起山东，南至广东皆有栽植应用；日本亦有分布。

繁殖：常用播种繁殖。

应用：三角枫树高冠大，浓荫覆地，秋叶棕黄或褐红，颇为美观。宜作庭荫树、行道树及护岸树，配植于湖岸、溪边、谷地、草坪边缘或点缀于亭廊、山石之间；其老桩又是制作盆景的良好材料。

三角枫大树形态

三角枫果实

元宝枫大树形态

元宝枫果实

三角枫秋叶

元宝枫秋叶

元宝枫春叶

元宝枫秋叶

日本黄栌

◎学名：*Rhus suaedanea* Linn.
◎科属：漆树科·盐肤木属

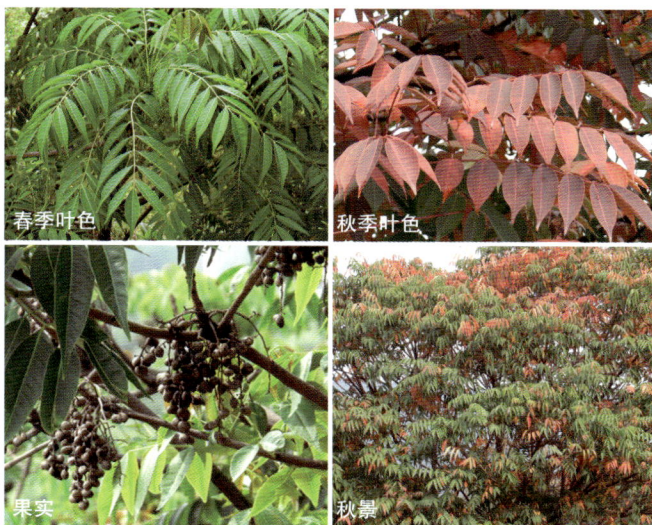

春季叶色

秋季叶色

果实

秋景

形态： 落叶乔木，在原产地树高 10~15m，胸径 50cm。树冠圆球形，层次明显；叶椭圆状披针形，长 10cm 左右，全缘，光滑无毛；春至秋季常有猩红叶片缀挂其间，深秋叶变棕黄或深红。花期 4~5 月；果期 9~11 月。

习性： 阳性树种，喜光不耐荫；适应性极强，在强光、干旱、瘠薄、干冷、强酸、强碱等条件下，均生长良好，且呈速生性。虫害较为严重，需及时防治。

分布： 原产日本，原为提炼化妆品天然成分而引入我国；现华北以南地区园林中有栽培应用。

繁殖： 采用播种繁殖。

应用： 日本黄栌春叶青翠，秋叶转黄或红，如火如荼，鲜艳夺目，历时两月之久。可应用于风景林、山坡地成群点缀，若与其它秋色叶树种混植，则层林尽染，美不胜收。

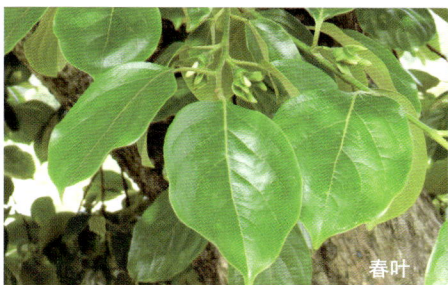

柿 树

◎学名：*Diospyros kaki* Thunb.
◎别名：朱果 猴枣
◎科属：柿树科·柿树属

春叶

形态： 落叶乔木，树高 15~20m。树冠为自然半圆形；树皮暗灰色，长方块状开裂。冬芽先端钝，小枝密被褐色或棕色柔毛，后渐脱落。叶椭圆形至倒卵形，先端突尖，近革质，基部阔楔形或近圆形，表面深绿色，有光泽，背面淡绿色。花期 5~6 月，花冠钟状，黄白色；浆果卵圆形或扁球形，橙黄色或鲜黄色，花萼宿存，9~10 月成熟，种子扁肾形。

习性： 阳性树种，喜光，喜温暖气候，亦较耐寒；深根性，对土壤的要求不高，耐干旱瘠薄；生长缓慢，寿命长。

分布： 原产我国，北自河北，南达两广，东起东南沿海，西至陕甘等地均有分布。

繁殖： 主要采用嫁接繁殖。

应用： 柿树枝繁叶茂，树冠开张，展盖如伞，秋叶凌霜变成深红色，是观叶观果俱佳的优良观赏树种，既可孤植、群植于庭院、公园，也可杂植于常绿树间，均可增辉于景。

秋叶

幼果

熟果

枣 树

◎学名：*Ziziphus jujuba* Mill.
◎别名：枣　蜜果　白蒲枣
◎科属：鼠李科·枣属

枝叶

形态： 落叶乔木，树高8~12m。树冠卵形，枝红褐色，丛生，略呈"之"字形曲折，具托叶刺2枚，一长一短，结果枝下垂。单叶互生，长椭圆状卵形，基部偏斜具短柄，基生3出脉，叶缘有细锯齿。花期4~5月，花两性，短聚伞花序腋生，花小，黄白色。果期8~9月，核果卵圆至长圆形，成熟时褐红色。

习性： 阳性树种，喜光，耐热；喜干燥气候，耐寒性强，抗风沙；适生于中性或微碱性沙壤土，稍耐盐碱，不耐水涝；根系发达，根萌蘖力强。

分布： 原产于我国，除东北地区、西藏之外，其他各地均有栽培，以黄河及淮河流域各省最为普遍。

繁殖： 主要采用根蘖分株，也可用根蘖苗或实生苗嫁接。

应用： 枣树树干劲拔，枝密叶翠，春末素花斐斐，秋初红果累累，为果用与观赏兼备的庭荫树，自古以来备受青睐。因其对多种有毒气体有一定的抗性，也适用于工矿厂区的绿化；其老根古干还可作树桩盆景观赏。

花朵
果实

枳 椇

◎学名：*Hovenia acerba* Thunb.
◎别名：拐枣　金钩子　鸡爪果
◎科属：鼠李科·枳椇属

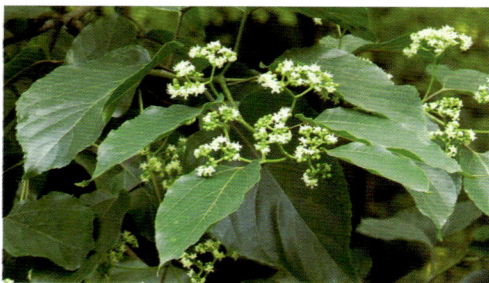

形态： 落叶乔木，树高15~20m。树冠广卵形，树皮灰褐色，浅纵裂，枝条开展，小枝紫褐色。叶互生，卵形或卵状椭圆形，边缘有浅钝细锯齿，基部三出主脉。花期6月，二歧状圆锥花序，生于叶腋或枝梢；果期10月，果实短圆柱形，果序柄肉质肥厚而弯曲，具甜味，种子深褐色，光亮。

习性： 阳性树种，喜光，耐寒；喜肥沃湿润而排水良好的土壤，亦耐干旱；浅根性，萌芽力强。

分布： 分布于我国华北、华东（除台湾地区）、华南及西南地区；日本、朝鲜半岛、印度、尼泊尔和缅甸也有分布。

繁殖： 以播种为主，也可扦插和分蘖繁殖。

应用： 枳椇树体高大，枝冠开张，叶大荫浓，姿态端庄，其花序柄肉质粗壮，形态奇特，味甜可食，不仅为优良的庭荫树、行道树，也是城镇四旁绿化之理想树种。

果实
花枝

06

落叶阔叶小乔木

　　落叶阔叶小乔木树种，具有明显的主干，高度一般在5~10m之间。此类树种高度中等，树冠开张，夏季叶茂遮阳，冬季落叶采光，并且大多为观花树种，先花后叶或先叶后花，花色鲜艳悦目，深受人们喜爱。在园林应用中配置方式多样，孤植、列植、丛植、群植皆甚相宜。

梅

◎**学名**：*Armeniaca mume* Sieb.

◎**别名**：春梅　梅花　干枝梅　木丹

◎**科属**：蔷薇科·杏属

形态：落叶小乔木，高约6~8m。树干紫褐色，多纵驳纹；常有枝刺，小枝青绿色。叶广卵形至卵形，先端长渐尖或尾尖，缘具细锐锯齿，基部阔楔形或近圆形；幼时两面被短柔毛，后多脱落，老叶仅在背面脉上有毛，托叶脱落性。花期2月中旬~3月中旬，先叶开花，有红、粉红、奶白、淡绿诸色，重瓣，一般不结果。

同属栽培品种：

青梅，花单瓣，能结果；核果球形，5~6月果熟，熟时橙黄色，密被短柔毛，味酸，核面有小凹点，与果肉黏着。

习性：阳性树种，喜光不耐荫；宜阳光充足、通风良好的环境，过荫时树势衰弱，开花稀少甚至不开花；喜温暖气候，亦耐寒，喜较高的空气湿度，也有较强的抗旱性；对土壤的要求不严，但土质黏重、排水不良时易烂根死亡。

分布：原产于我国西南地区，现华北以南各地广泛栽植。

繁殖：常用嫁接法，其次为扦插、压条法，少用播种繁殖。

应用：梅花历来被视为不畏强暴、勇于抗争和坚贞高洁的象征，古人常把松、竹、梅配成"岁寒三友"。园林中常用孤植、丛植或群植等方式配置在屋前、石间、路旁和塘畔，美化效果甚好。梅之古桩可制作盆景，疏枝横斜，苍劲古雅，观赏价值很高。

梅树

梅花春景

青梅

桃

◎学名：*Amygdalus persica* Linn.

◎别名：桃树　桃子

◎科属：蔷薇科·桃属

形态：落叶小乔木，高约5~7m。树冠开张，小枝无毛，芽有灰色绒毛，常3芽并生，两侧为花芽。叶椭圆状披针形，先端渐尖，浅绿色，叶柄长，顶端具腺体。花期3月，先叶开放，单瓣，粉红色，花后能结果。核果卵球形或卵状椭圆形，果期有早晚，早熟品种5~6月，晚熟品种为7~8月；外果皮奶白色或微红，果肉厚，多汁水，味甜美可口。

同属常用栽培品种：

紫叶桃 *cv. atropurpurea* Schneid 叶形与桃相似，春秋新叶紫红色，夏季叶色变浅。3月开花，花色紫红，单瓣，一般不结果。

习性：阳性树种，喜光不耐荫；适应性强，能耐高温，亦耐低温；喜肥沃而排水良好的土壤，不适于碱性土和黏性土；浅根性，较耐干旱，但不耐水湿；萌芽力和成枝力较弱，尤其是在干旱瘠薄土壤上更为明显；病虫害较为严重，寿命短。

分布：原产我国，西北、华北、华中及西南山区均有野生桃树，现世界各地均有栽培。

繁殖：常用嫁接繁殖，砧木采用毛桃的实生苗。嫁接苗结果早。

应用：桃花是我国传统的园林花木，阳春三月，粉红色桃花先叶开放，红霞耀眼，芳菲满园；紫叶桃在园林中属观叶、观花俱佳的树种。两者皆宜在庭院、草坪、墙角、亭边孤植或丛植，绿化、美化效果甚好。

紫叶桃

桃花

紫叶桃花枝

桃果实

碧 桃

◎**学名：** *Amygdalus persica var. persica* Rehd.

◎**别名：** 花桃　重瓣桃花

◎**科属：** 蔷薇科·桃属

形态： 落叶小乔木，高约 4~6m。小枝红褐色，光滑无毛；叶片椭圆状披针形，先端渐尖，基部阔楔形，叶缘有锯齿，叶基有腺点单生，表面密被短绒毛。花期 3 月下旬~4 月，花色红、粉红、奶白色等，重瓣，一般不结果。

习性： 阳性树种，喜光，耐寒；喜排水良好的肥沃砂质壤土，稍耐干旱、不耐渍水。

分布： 原产于我国华北、西北及中部地区，现全国各地均有栽培。

繁殖： 以嫁接繁殖为主，砧木采用毛桃的实生苗。

应用： 碧桃为园林景观中不可缺少的春季花木，早春时节，重瓣桃花先叶开放，烂漫芳菲，妖艳媚人。常栽植于庭院、湖滨、溪边、堤岸及公园草地，最宜与垂柳配植在一起，桃红柳绿，相映成趣。碧桃还可盆栽、制作桩景或用作切花等，深受大众青睐。

红碧桃

白碧桃

桃红柳绿

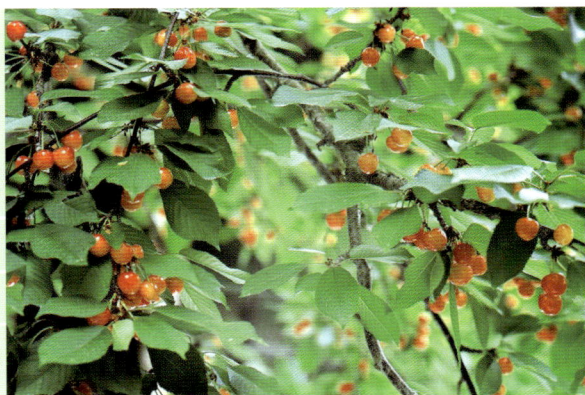

樱　桃

◎**学名：** *Cerasus pseudocerasus* (Lindl.) G. Don

◎**别名：** 荆桃　莺桃　朱樱

◎**科属：** 蔷薇科·樱属

形态： 落叶小乔木，高约 6~8m。叶宽卵形至卵状椭圆形，先端锐尖，基部圆形，缘有大小不等之重锯齿；叶柄靠近叶基部有两个腺点；叶面有毛或微有毛，背面疏生柔毛；腋芽单生，具顶芽。花期 3 月，先叶开放，花奶白色，3~6 朵簇生成总状花序。浆果近球形，5 月成熟，鲜红色，味酸甜美可口，为每年春末夏初上市最早的水果之一；在果熟之际，鸟类喜食之，需注意防护。

习性： 阳性树种，喜日照充足、温暖而略湿润气候及肥沃而排水良好之沙壤土；有一定的耐寒与耐旱力，萌蘖力强，生长迅速。

分布： 华北、华东及西南等省区均有分布，尤以华北地区栽培较为普遍。

繁殖： 可用嫁接、扦插、分株及压条等法繁殖。

应用： 樱桃花先叶开放，白里透红，犹如彩霞，春末果熟，红若珊瑚，极为美观，是园林中观赏与食果兼用的优良树种。宜孤植于庭院，丛植于公园路边、草坪边缘、亭旁、河畔，绿化、美化效果好。

花朵

果实

叶片

叶柄中上部有两个腺点

公园丛植

日本晚樱

花枝

◎**学名**：*Cerasus lannesiana* Wils.

◎**别名**：晚樱　重瓣樱花

◎**科属**：蔷薇科·樱属

形态：落叶小乔木，高约7~9m。树皮暗灰色，平滑；叶长卵状椭圆形，先端长渐尖，缘有长芒状重锯齿，排列整齐；叶柄靠近叶基部有两个腺点。花期3月下旬~4月中旬，先叶开放或花叶同放，伞房状总状花序，有叶状苞片，重瓣，淡红色或奶白色，稍有香气；一般不结果。

习性：阳性树种，喜光，耐寒；适应性强，但根系较浅，不耐水湿，在排水良好而深厚的微酸性土壤上生长良好。

分布：原产于日本、朝鲜半岛；现我国长江流域地区广泛栽植。

繁殖：常用嫁接法繁殖，砧木可用山樱、毛桃、李、杏等实生苗。

应用：日本晚樱叶繁花茂，色彩鲜艳，十分壮丽，为重要的园林观花树种，宜孤植或丛植于庭园或建筑物前，也可列植作园路的行道树。

叶柄中上部有两个腺点

叶片

日本晚樱盛花期景观

红叶李

◎**学名**：*Prunus cerasifera f. atropurpurea* (Jacq.) Rehd.

◎**别名**：紫叶李

◎**科属**：蔷薇科·李属

红叶李

形态：落叶小乔木，高 6~8m。树冠多直立性长枝，幼枝、叶片、叶柄、花柄、萼、雌蕊及果实均呈暗红色。叶长，椭圆状卵形至倒卵形，端渐尖，基部圆形，边缘具重锯齿，紫红色。花期 3 月上旬~4 月上旬，粉红色；一般不结果或结果量少，果形小，味酸苦涩口。

同属常用栽培种：

李 *P. salicina* Lindl. 小枝赤褐色，无毛。叶长椭圆状倒卵形或卵形，边缘有细密锯齿。花 3 月先叶开放，粉白色，常 3 朵簇生。核果近球形，6~7月成熟，绿黄色或紫红色，外被蜡粉，酸甜可食。

习性：阳性树种，喜光，在蔽荫时叶色不鲜艳；喜温暖湿润环境，但耐寒性较强；浅根性，喜肥沃湿润而排水良好的黏质壤土，稍耐干燥瘠薄；生长势强，萌芽力亦强，耐修剪。

分布：原产亚洲西南部，我国中部和东部地区普遍栽植。

繁殖：采用扦插、分蘖或播种繁殖，亦可用李、梅或山桃为砧木进行嫁接繁殖。

应用：红叶李枝叶红紫，常年不褪，观叶期长，且繁殖容易，适应性强，宜于建筑物前、园路旁或草坪角隅处栽植，孤植、列植、丛植、群植皆甚相宜。唯须慎选背景之色泽，可充分衬托出它的色彩美，绿化、美化效果好。

紫叶李列植

红叶李花枝

李花朵

李幼果

李熟果

垂丝海棠

◎学名： *Malus halliana* Koehne

◎别名：海红　小果海棠

◎科属：蔷薇科·苹果属

形态： 落叶小乔木或灌木，高约4~6m。树冠疏散，枝条开展，小枝紫褐色。单叶互生，长卵状椭圆形，先端渐尖，叶面深绿色，边缘具圆钝细锯齿。3月上旬~4月上旬，鲜玫瑰红色，伞房花序，花梗紫色，细长而下垂。果期9~10月，果近球形，果形小，棕褐色，味酸苦涩口，经冬不落，为鸟类冬季之食粮。

同属栽培种：

西府海棠 *Malus micromalus* Makino 落叶小乔木，为山荆子与海棠花之杂交种。枝干直立，树态峭立；小枝紫褐色或暗褐色。叶长椭圆形，质薄，先端渐尖，基部楔形。花期3月，伞形花序，花梗略短而不下垂，花淡红色；果红色，果熟期8~9月。

习性： 阳性树种，喜光；喜温暖、湿润环境，亦稍耐寒；对土壤的适应性强，较耐旱，忌过湿，否则易烂根死亡。

分布： 产于江苏、浙江、安徽、四川、云南等省，现长江以南各地广泛栽培。

繁殖： 常用播种、扦插或嫁接法繁殖。

应用： 垂丝海棠枝密花繁，早春先叶开放，花梗细长，花朵下垂，花色鲜艳悦目，为著名的春季赏花树木。宜丛植于院前、亭边、墙旁、河畔、草坪等处；在江南庭园中尤为常见，在北方以盆栽观赏为主。

梅　　日本晚樱　　垂丝海棠

西府海棠

西府海棠

果实

垂丝海棠叶片

垂丝海棠花枝

垂丝海棠丛植

石　榴

◎**学名**：*Punica granatum* Linn.

◎**别名**：安石榴

◎**科属**：石榴科·石榴属

形态：落叶小乔木或灌木，高约5~7m。树冠为自然圆头形；树皮粗糙，灰褐色，上有瘤状突起。单叶簇生，长椭圆形或长倒卵形，先端钝，全缘。花期5~6月，花两性，通常为鲜红色，也有黄色，花萼钟形，朱红色，也有白色或黄色，肉质。宿存浆果近球形，8~9月成熟，古铜黄色或古铜红色，具宿存之花萼，种子多数，种皮肉质，味甜美可口。同属常用栽培变种：

花石榴 P. granatum var. pleniflora Hayne，叶在长枝上对生，在短枝上簇生，叶子形状、大小与石榴相似；开花时节、花色也与石榴相同，只是花后不结果，或果实小、不可食。

习性：阳性树种，喜光不耐荫，在庇荫处生长开花不良；喜温暖气候，对土壤的要求不高，耐干旱瘠薄，稍耐盐碱，忌水涝；在花期和果实膨大期喜空气干燥和日照良好；对二氧化硫和氯气的抗性较强。

分布：原产伊朗和阿富汗，大约在公元前2世纪传入我国，现全国大部分地区都有栽培。

繁殖：采用播种、扦插、分株、压条等法繁殖。

应用：石榴春天新叶嫩红色，初夏红花似火，鲜艳夺目，入秋丰硕的果实挂满枝头，是观叶、观花、观果三者兼优的绿化树种。宜在庭前、亭旁、墙隅、路边等处种植；因其耐盐碱，且对有毒气体抗性强，也是沿海地区及有污染厂矿区绿化、美化的优良树种。

果石榴花枝

石榴（种子）

枝叶

花石榴公园配景

花石榴盛花景观

紫　薇

◎**学名**：*Lagerstroemia indica* Linn.

◎**别名**：百日红　痒痒树

◎**科属**：千屈菜科·紫薇属

形态：落叶小乔木，高约6~8m。树冠不整齐，枝干多扭曲；树皮呈长薄片状剥落，剥落后树干平滑细腻。单叶对生或近对生，椭圆形至长椭圆形，端尖或钝，基部圆形或楔形，全缘。花期6~9月，花开于当年新枝顶端，花色紫红、红、粉红、奶白等；蒴果椭圆状球形，种子10~11月成熟。

习性：阳性树种，喜光，稍耐荫；喜温暖、湿润环境，有一定的抗寒力；喜弱碱性、深厚肥沃的土壤，有抗旱力，不耐涝；萌蘖力强，耐修剪；因老枝不开花或开花少，故在每年冬季剪除老枝，待次年萌发新枝才能多开花结实。

分布：原产亚洲南部及澳洲北部；我国华东、华中、华南及西南均有分布，各地普遍栽培。

繁殖：可用播种、扦插及分蘖等法繁殖。

应用：紫薇在炎夏群芳收剑之际繁花竞放，且长达百余日，故称"百日红"，是形、干、花皆美而具很高观赏价值的树种。可栽植于建筑物前、庭院内、道路旁、草坪边缘等处；且因其对多种有毒气体有较强的抗性，吸附烟尘的能力亦较强，故也是工矿厂区绿化的好树种。

枝叶

列植

盆栽

鸡爪槭

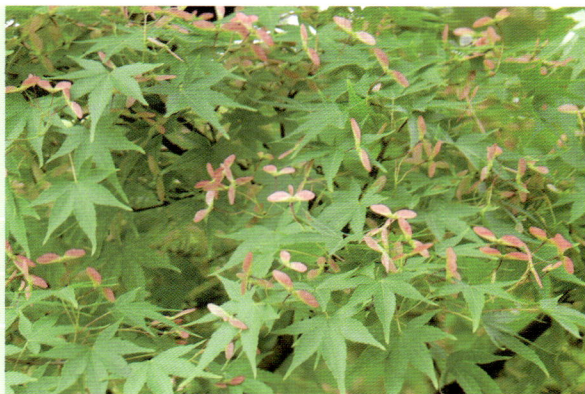

◎ **学名**：*Acer palmatum* Thunb.

◎ **别名**：青枫　雅枫

◎ **科属**：槭树科·槭属

形态：落叶小乔木，高约 7~9m。树冠扁圆形或伞形，枝条横展，小枝光滑。叶掌状 5~9 深裂，基部近楔形或近心形，裂片长椭圆状披针形，先端锐尖，缘具锯齿。5 月开花，伞房花序顶生，花粉紫色，背面有白色长柔毛。翅果平滑无毛，两翅展开成钝角，10 月果熟。

习性：中性树种，喜光，稍耐荫，光照过强生长不良；喜温暖、湿润环境，亦耐寒；适生于肥沃深厚、排水良好的微酸性或中性土壤，较耐旱，不耐水涝。

分布：分布于长江流域及山东、河南等省，多生于海拔 1200m 以下山地、丘陵之林缘或疏林中；日本和朝鲜亦有。

繁殖：一般用播种法繁殖，而园艺变种常用嫁接法繁殖。

应用：鸡爪槭叶形美观，入秋后转为橙黄色或鲜红色，为优良的秋季观叶树种。植于草坪、土丘、溪边、池畔、路隅、墙边、亭廊及山石间点缀，均十分得体，若以常绿树或白粉墙作背景衬托，尤感美丽多姿；古桩制成盆景或小树盆栽，装点室内环境也甚合宜。

秋叶

鸡爪槭秋景

红 枫

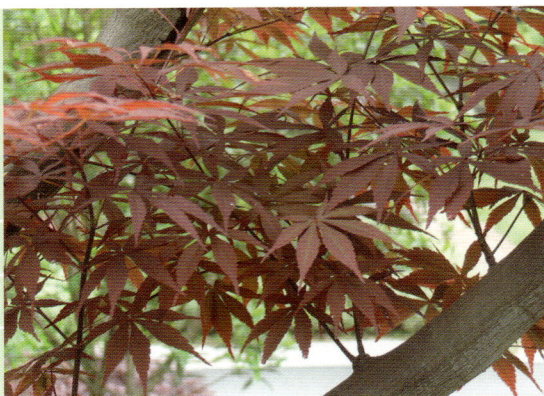

◎**学名：** *Acer palmatum var. atropurpureum* Schwer.

◎**别名：** 紫红鸡爪槭

◎**科属：** 槭树科·槭属

红枫

鸡爪槭

羽毛枫

形态： 落叶小乔木，高约 6~9m。树形直立，长势较弱，枝疏而横展，树冠近圆球形。新枝紫红色，成熟枝暗红色；早春嫩叶鲜红，密生白色软毛，叶片舒展后渐脱落，叶色亦由艳红转淡紫色，夏季逐渐转为暗绿色，秋季新叶又为鲜红色；叶掌状分裂较深，裂数比鸡爪槭少。花期 5 月，伞房花序顶生，花粉紫色；翅果平滑无毛，两翅展开成钝角，10 月种熟。

习性： 中性偏阴树种，喜光耐半荫，忌烈日曝晒；喜温暖湿润、气候凉爽的环境，较耐寒；夏季遇干热风吹袭会造成叶缘枯卷，高温日灼还会损伤树皮。

分布： 华北与长江流域地区广泛栽植。

繁殖： 主要采用嫁接、扦插繁殖，亦可种子繁殖。

应用： 红枫叶形美观，春季新叶鲜红色，为优良的春季观叶树种。最宜配植于苍松林丛之间、点缀于溪边池旁，红叶摇曳，引人入胜；或植于草坪、土丘、路隅、亭廊及山石之间，均很合宜；若以常绿树或白粉墙作背景衬托，色彩尤为赏心悦目；红枫古桩或小树还可制作盆景，用于室内美化也极雅致。

红枫春叶

红枫翅果

日本红枫

丁 香

◎学名：*Syringa oblate* Lindl.
◎别名：紫丁香
◎科属：木犀科·丁香属

白丁香花序

丁香嫁接于女贞之上

形态： 落叶小乔木或灌木，高约4~6m。小枝圆，髓心实；单叶对生，叶片近心形，全缘或有分裂，叶背微有短柔毛。花期3~4月，花两性，呈顶生或侧生之圆锥花序；花萼小，钟形，具4裂片，紫红色；果期7~8月，蒴果长圆形，种子扁平，具细翅。
常见同属栽培变种：
白丁香：*var. alba* Rehd. 花白色，叶较小，背面微有柔毛。

习性： 为温带及寒带树种，阳性，喜光照，耐寒性强；喜肥沃湿润、排水良好之土壤，耐干旱，忌在低湿处种植；对多种有毒气体有较强的抗性。

分布： 产于我国华北、东北地区，现长江流域各省均有栽培。

繁殖： 南方常用嫁接或扦插繁殖，北方则以播种为主。

应用： 丁香属树种为我国北方常见花木，南方应用亦渐普及。可孤植于庭前、窗外，丛植于林缘、草坪或向阳坡地，或布置成丁香专类园，还适宜于盆栽，同时也是切花的良好材料。其对二氧化硫及氟化氢等有较强的抗性，故又可用于工矿厂区的绿化。

四照花

◎学名：*Dendrobenthamia japonica var. chinensis* Fang
◎别名：山荔枝　青皮树　石枣
◎科属：山茱萸科·四照花属

形态： 落叶小乔木，高约6~9m。小枝细，绿色后变褐色。单叶对生，卵形或卵状椭圆形，顶端渐尖，基部圆或宽楔形，两面有短毛，在脉腋出簇生毛，侧脉3~4对，弧形弯曲。花期5~6月，头状花序近球形，花序基部有4枚白色花瓣状总苞片，椭圆状卵形；花小，白色。果球形，肉质，紫红色，9~10月成熟。

习性： 中性树种，喜光稍耐荫；喜温暖阴湿环境，亦耐寒；对土壤要求不严，但以土层深厚肥沃、排水良好的土壤为宜；萌芽力较差，不耐修剪。

分布： 分布于河南、陕西、甘肃东南部及长江流域各地。

繁殖： 常用播种、嫁接或扦插繁殖。

应用： 四照花适用于庭院、公园栽种，可孤植于堂前，列植于路边、池畔，也可丛植于草坪；以常绿树为背景，其景观效果尤佳，也是四旁绿化的好树种。

花枝　　　果枝

桑

◎学名：*Morus alba* Linn.

◎别名：桑树

◎科属：桑科·桑属

桑叶

桑果

形态： 落叶小乔木或灌木，高约 4~6m。树皮黄褐色；叶大，卵形至广卵形，叶端尖，边缘有粗锯齿，有时有不规则的分裂；叶面无毛，有光泽。雌雄异株，4 月开花；果熟期 6 月，聚花果卵圆形或圆柱形，褐红色或黑紫色，味甜可口。

习性： 中性，喜光，幼时稍耐荫；喜温暖湿润气候，亦耐寒；对土壤的适应性较强，耐干旱，但畏积水；根系发达，抗风力强；萌芽力强，耐修剪；有较强的抗毒抗烟尘能力。

分布： 原产我国中部，现南北各地广泛栽培，尤以长江中下游各地为多；朝鲜、日本也有分布。

繁殖： 可用播种、扦插、压条、分根、嫁接等法繁殖。

应用： 桑树树冠宽阔，树叶茂密，秋季叶色变黄，颇为美观；且能抗烟尘及有毒气体，适于城市、工矿区及农村四旁绿化；其用途广，嫩桑叶可以养蚕，桑果可作中药，为良好的绿化与经济树种。

桑树群植

无花果

◎学名：*Ficus carica* Linn.

◎别名：蜜果

◎科属：桑科·榕属

形态： 落叶小乔木或灌木，高约 5~7m。枝条粗壮，光滑无毛；叶片大而厚，叶面粗糙，叶背有粗毛，叶互生，广卵形或近圆形，边缘波状或成粗齿。花小，隐头花序，着生于新梢的叶腋间，新梢渐伸长，花序也渐渐肥大而形成果实。隐花果梨形，肉质，长 5~8cm，绿黄色，随开花季节不同次第成熟。

习性： 中性，喜光，稍耐荫；喜温暖而稍干燥的气候，不甚耐寒，宜在排水良好的砂质壤土中生长；如在地下水位高或排水不良的地区栽培，要注意开沟排水。

分布： 原产于地中海沿岸，我国华北以南有引种栽植。

繁殖： 常用扦插、压条繁殖。

应用： 无花果叶形美观，适应性强，栽培容易，果实营养丰富；宜作庭院树或公园绿化；因其抗烟尘、抗二氧化硫能力较强，也可作工厂绿化树种；果、根、叶均可入药。

幼果

隐花果梨形

07

落叶阔叶灌木

　　落叶阔叶灌木型植物，一般没有明显的主干，基部枝干丛生状，高度约在5m之内。此类植物高度低矮，枝叶茂盛，多为观花品种，花色丰富多彩。在园林应用上，常孤植为球形、列植作绿篱、片植成色块，也可以丛植或群植配置，绿化、美化效果良好。

蜡 梅

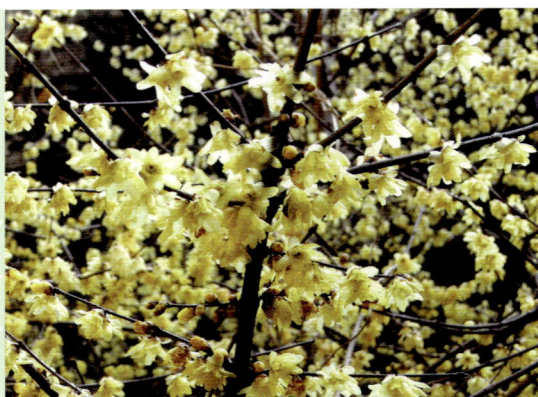

◎**学名**：*Chimonanthus praecox* (L.) Link

◎**别名**：腊梅　黄梅花　香梅　香木

◎**科属**：蜡梅科·蜡梅属

形态：落叶丛生灌木，高约 3~5m。小枝四棱形，老枝灰褐色，近圆柱形。单叶对生，卵状椭圆形或卵状披针形，基部圆形或楔形，表面粗糙，背面光滑无毛，全缘。花期 12 月至翌年 3 月，先叶开放，花两性，单生，花被外轮蜡质，金黄色，具浓郁香味；果期 7~8 月。

习性：阳性，喜光，稍耐荫；喜温暖气候，亦较耐寒；耐旱性强，怕风，忌水涝，宜植于避风向阳之处；喜疏松肥沃、排水良好的中性或微酸性沙质壤土，忌黏土与碱土；发枝力强，耐修剪；病虫害少，但对有毒气体的抗性较弱；寿命较长，可达百年以上。

分布：原产于湖北、陕西等省，现在北京以南各地广泛栽培。

繁殖：以嫁接为主，亦可分株或播种繁殖。

应用：蜡梅在严冬冲寒吐秀，气傲冰雪，且芬芳远溢，为我国特有的珍贵观赏花木。在园林中常孤植于窗前屋后，对植于建筑物入口处两侧，丛植于亭周、墙隅、水畔、路旁及草坪边缘；若与南天竹、茶梅相配，冬季红果、黄花、绿叶交相辉映，更具中国园林的特色。蜡梅也可切花瓶插或盆栽制作盆景，供室内观赏。

果实

蜡梅植株

花朵

丛生灌木状

结 香

花枝

◎**学名**：*Edgeworthia chrysantha* Lindl.

◎**别名**：黄瑞香　打结花　喜花　梦冬花

◎**科属**：瑞香科·结香属

形态：落叶丛生灌木，高约2~3m。枝条粗壮柔软，常三叉分枝，棕红色；叶互生，长椭圆形至倒披针形，先端急尖，基部楔形并下延，表面疏生柔毛，背面被长硬毛，具短柄，常簇生枝端，全缘。花期12月至翌年3月，先叶开放，假头状花序，花被筒状，淡黄色，具浓香；果期6~7月，核果卵形，通常包于花被基部，状如蜂窝。

习性：为暖温带植物，喜光耐半荫；喜温暖气候，耐寒性亦强；根肉质，忌积水，宜排水良好的肥沃土壤；基部萌蘖力强，但上部不耐修剪。

分布：原产于我国，北自河南、陕西，南至长江流域以南各省区均有分布。

繁殖：常用扦插或分株繁殖。

应用：结香姿态优雅，花多成簇，芳香浓郁，枝条柔软，弯之可打结而不断，常整成各种形状，十分惹人喜爱。适宜孤植、列植、丛植于庭前、路旁、水边、墙隅，或点缀于假山岩石之间；北方多盆栽，曲枝造型观赏。

叶片

茎干

冬景

紫玉兰

◎**学名**：*Magnolia liliflora* Desr.

◎**别名**：辛夷　木笔

◎**科属**：木兰科·木兰属

形态：落叶灌木或小乔木，高约3~5m。树皮灰褐色，小枝紫褐色，有环状托叶痕；顶芽卵形，被淡黄绢毛。单叶互生，宽椭圆形，先端渐尖，基部楔形，全缘，幼时表面疏生短柔毛，背面沿叶脉有短柔毛。花期3月，先叶开放，花瓣外面紫红色，内面粉白色；果期9~10月，聚合果圆柱形，淡褐色。

习性：阳性，喜光，不耐严寒；喜肥沃湿润、排水良好的土壤，不耐盐碱；肉质根，忌水湿；根系发达，萌蘖力强。

分布：原产湖北、四川、云南，现长江流域以南各地广为栽培；在古代就已传入朝鲜、日本，18世纪末传入欧洲。

繁殖：常用播种、分株或压条繁殖，扦插成活率较低。

应用：紫玉兰栽培历史悠久，早春开花，花大、色美、味香，为传统名贵花木之一。适宜配置于庭前屋后、墙隅路角、窗前及门厅两旁，艳丽多姿，春意盎然；或丛植于草坪、林缘，作观花主体，配以常绿小灌丛与地被植物，则高低错落有致，景观层次分明。

丛生灌木

红玉兰　　白玉兰　　紫玉兰

紫玉兰盛花景观

夏季枝叶

紫 荆

◎ **学名：** *Cercis chinensis* Bunge

◎ **别名：** 满条红　满堂红　苏芳花

◎ **科属：** 豆科（苏木科）·紫荆属

枝叶与幼果

盛花景观

形态： 落叶灌木或小乔木，高约3~5m。幼枝光滑、暗灰色，老时粗糙。单叶互生，近圆形，先端稍尖，基部心形，全缘；掌状脉5出。3月先叶开花，4~10朵簇生于两年生以上的枝条和树干上，花冠假蝶形，紫红色。荚果扁平，腹缝具窄翅，种子9月成熟。

习性： 为温带及亚热带树种，阳性，喜光，稍耐荫，较耐寒；土壤适应性较强，耐干旱，但不耐水湿；萌芽力强，耐修剪；对有毒气体有一定的抗性。

分布： 原产我国，分布很广，黄河流域、长江流域及珠江流域均有栽培。

繁殖： 以播种为主，也可用分株、扦插、压条等法繁殖。

应用： 紫荆先花后叶，常丛植于草坪边缘、建筑物旁、园路角隅或树林边缘。因开花时尚未发叶，故宜以常绿松柏为背景或植于浅色的物体前面，如白粉墙之前或岩石旁。对氯气等有一定抗性，滞尘能力较强，也可用于城市绿地及工厂绿化。

◀ 果实

▼ 紫荆花着生于老枝上

丁香（小叶对生）

紫荆（小叶互生）

迎　春

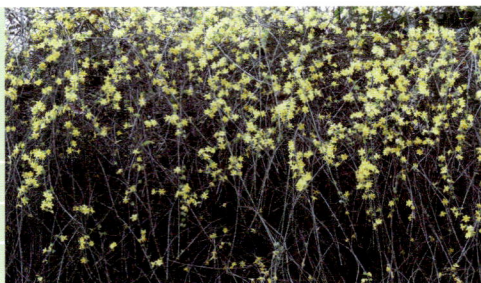

◎学名：*Jasminum nudiflorum* Lindl.
◎别名：迎春花　金腰带
◎科属：木犀科·素馨属

叶片

花枝

丛生灌木

形态： 落叶灌木，枝干丛生，灰褐色，小枝四棱形、绿色、细长，呈拱形。三出复叶对生，小叶卵形至矩圆形，端急尖，全缘，边缘有短毛，叶背灰绿色。花期2~3月，先叶而放，有叶状狭窄的绿色苞片，花冠金黄色。

习性： 为温带树种，阳性，喜光，略耐荫；适应性强，喜温暖、湿润环境，亦耐寒；对土壤的要求不严，耐干旱，稍耐盐碱，但怕涝；浅根性，萌芽、萌蘖力强，耐修剪、扎形。

分布： 产于我国北部和西南，分布于辽宁、河北、陕西、山东、江苏、福建、四川、云南等省区。

繁殖： 以扦插繁殖为主，亦可压条和分株繁殖。

应用： 迎春开花早，花色金黄鲜艳，可与蜡梅、山茶、杜鹃共栽，构成新春佳景；与银芽柳、山桃同植，早报春光；种植于碧水萦回的柳树池畔，增添波光倒影，为山水生色。也可栽植于路旁、山坡、窗下、墙边，或作花篱密植，或作开花地被，观赏效果皆佳。

金钟花

◎学名：*Forsythia viridissima* Lindl.
◎别名：黄金条　细叶连翘
◎科属：木犀科·连翘属

形态： 落叶灌木，枝斜展，顶部下弯，小枝绿色，四棱形，具片状髓。叶对生，椭圆形或广披针形，先端锐尖，基部楔形，上半部有粗锯齿。花期3月，花朵钟形，金黄色，1~3朵腋生，先叶开放或花叶同放。

习性： 中性，喜光，稍耐荫；喜温暖气候，耐寒性亦强；对土壤要求不严，耐干旱，怕水渍；根系发达，萌蘖力强。

分布： 分布于我国长江流域各省。

繁殖： 主要采用扦插繁殖，也可压条或分株繁殖。

应用： 金钟花早春开花，花色金黄，鲜艳夺目，为春季常见观赏花木之一。适宜丛植于草坪、林缘、墙隅、路边，艳丽多姿，春意盎然；若配以常绿小灌丛与红色地被植物，则景观效果更好。

锦带花

◎学名：*Weigela florida* (Bunge)A.DC.
◎别名：文官花　五色海棠
◎科属：忍冬科·锦带花属

海仙花

形态： 落叶灌木，枝条开展，小枝细弱。叶对生，椭圆形或卵状披针形，先端渐尖，基部圆形或楔形，边缘有锯齿，叶背有柔毛。花期 3~4 月，2~4 朵成聚伞花序，漏斗状钟形花，花瓣初为白色，后为玫瑰红色，内面较淡。蒴果柱状，光滑，10 月果熟；种子细小，无翅。

习性： 阳性，喜光，耐寒；适应性强，对土壤的要求不高，能耐瘠薄，怕水涝；萌芽力、萌蘗力强，生长迅速；对有毒气体的抗性较强。

分布： 原产我国北部及朝鲜、日本，现全国各地均有栽培。

繁殖： 常用扦插、分株、压条法繁殖。

应用： 锦带花枝叶繁茂，花色多样美丽，且花期较长，是华北地区春季主要花灌木之一。适于庭园角隅、湖畔石旁群植，也可在树丛、林缘作花丛配植，用于点缀假山、坡地也甚适宜；因对氟化氢抗性强，可作有污染工厂的绿化。

金银忍冬

◎学名：*Lonicera maackii* (Rupr.)Maxim.
◎别名：金银木　胯杷果
◎科属：忍冬科·忍冬属

形态： 落叶丛生灌木，小枝中空，幼时被柔毛。单叶对生；叶卵状椭圆形至披针形，先端渐尖，叶两面疏生柔毛。花期 5~6 月，花成对腋生，二唇形花冠，初开为白色，后变为金黄色，故得名"金银木"。浆果球形亮红色，果熟期 9~10 月。

习性： 中性，喜光，耐半荫，耐寒；适应性强，对土壤要求不严，耐干旱瘠薄；管理粗放，病虫害少。

分布： 分布于我国东北、华北和长江流域以南各省。

繁殖： 常用播种或扦插繁殖。

应用： 金银忍冬花果并美，春末夏初层层开花，金银同辉，秋季红果缀满枝头，具有较高的观赏价值；花朵清雅芳香，引来蜂飞蝶绕，因而又是优良的蜜源植物，并且全株可药用。在园林中，常丛植于草坪、山坡、林缘、路边或点缀于建筑物周围，观花赏果两相宜。

果实

木绣球

花枝

◎学名：*Viburnum macrocephalum* Fort.

◎别名：绣球荚蒾　绣球花

◎科属：忍冬科·荚蒾属

枝叶

形态： 落叶或半落叶灌木，树冠球形，枝条广展，枝上密生星状毛。叶对生，卵形至长椭圆形，端钝，基部圆形，缘有细锯齿，背面疏生星状毛。花期4~5月，球形状聚伞花序顶生，径10~20cm，花乳白色或绿白色，花冠辐射状，形似雪球，全部败育，不结果。

习性： 中性，喜光，稍耐荫，耐寒；喜生于湿润、排水良好而富含腐殖质的土壤；萌芽力、萌蘖力均强。

分布： 分布于华北、华东、华南及西南地区。

繁殖： 以扦插为主，也可压条或用琼花作砧木嫁接繁殖。

应用： 木本绣球枝条拱形，树形圆整，球状花序肥大，洁白如雪，且花期较长，为春末夏初优良的观花树种。宜丛植于草坪、林缘、路边、堤岸，或植于小径两侧，形成拱形通道，别有风趣。

公园丛植

月 季

◎ 学名：*Rosa chinensis* Jacq.

◎ 别名：月月红　四季花　斗雪红

◎ 科属：蔷薇科·蔷薇属

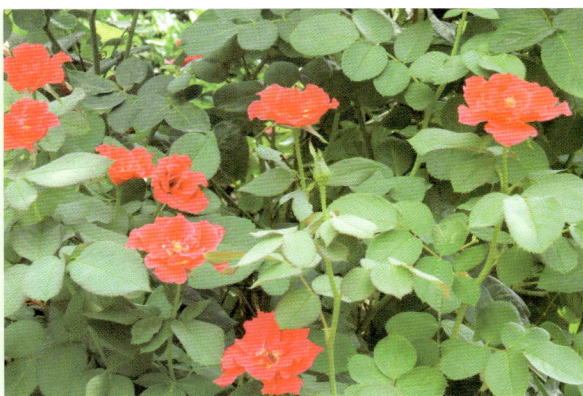

形态： 落叶或半落叶小灌木，枝干直立、扩展或蔓生。小枝具钩刺或无刺，幼枝青绿色，老枝灰褐色。奇数羽状复叶，互生，叶片光滑，有光泽，先端渐尖，缘具尖锯齿。花期3~11月，花单生或数朵集生成伞房状，具微香，花瓣紫红、粉红、黄、白等色。蔷薇果卵形或梨形，种熟期9~12月。

习性： 阳性，喜阳光充足、空气流动的环境，忌蔽荫；生长最适温度为白天15~26℃，夜间10~15℃，低于5℃时休眠，持续高于30℃时半休眠；喜肥沃、疏松和微酸性土壤，开花时段应充分供水，保持土壤湿润。

分布： 原产于我国，现世界各地均有栽培；现代月季栽培品种已达2万多种。

繁殖： 多用扦插或嫁接法繁殖。

应用： 月季品种丰富，花色多样，色彩艳丽，且花期很长，为全球重要观赏花卉之一，是花坛、花境、花带、花篱栽植的优良材料。在庭园、草坪、园路角隅、假山等处配植也很合适，还可作盆栽及切花用。

榆叶梅

◎学名：*Amygdalus triloba* (Lindl.) Ricker
◎科属：蔷薇科·桃属

重瓣榆叶梅

花蕾

重瓣榆叶梅

重瓣榆叶梅花枝

重瓣榆叶梅植株

形态： 落叶灌木或小乔木，小枝紫褐色，粗糙。叶宽椭圆形到倒卵形，表面粗糙有皱折，边缘有不等的粗重锯齿。花期4月，花腋生，先叶开放，花瓣粉红色或近白色。核果近球形，6月成熟，橙红色，有毛，味酸苦。
常见同属栽培变种：
重瓣榆叶梅 *var.plena* Dipp 花重瓣，不结实。

习性： 温带树种，阳性，喜光，耐寒；对土壤要求不严，微碱土亦能适应，但不耐水渍；根系发达，耐旱力强。

分布： 原产于我国北部地区，现华北、华东地区栽培甚广。

繁殖： 常用播种和嫁接繁殖。

应用： 榆叶梅枝叶茂密，花繁色雅，宜栽于公园草地、路边或庭园墙角、池旁；若用常绿树作背景，或配置山石，则能产生更好的观赏效果；也可盆栽摆设或作切花。

贴梗海棠

◎学名：*Chaenomeles speciosa* (Sweet) Nakai
◎别名：铁角海棠　皱皮木瓜
◎科属：蔷薇科·木瓜属

形态： 落叶灌木，高约2m；枝直立而开展，有刺。单叶互生，长卵形至椭圆形，先端尖，基部楔形，缘具尖锐锯齿；托叶大，肾形或半圆形；无叶柄，似抱茎。花期3~4月，花单生或数朵簇生于二年生枝上，花梗极短似无，贴枝而生；花朱红、粉红或白色，先叶开放或与叶同放，萼筒钟状，无毛，萼片直立。果实球形或卵形，果梗短或近无梗；果期9~10月，黄色或黄绿色，有香味。

习性： 阳性，喜光，稍耐荫；对温度反应很敏感，耐寒力较强，在华北地区能露地过冬；对土壤要求不严，耐旱忌湿，耐轻度盐碱。

分布： 原产于我国华北南部、西北东部和华中地区，现南北各地均有栽培。

繁殖： 采用扦插、分株和压条繁殖。

应用： 贴梗海棠早春开花，花色艳丽，烂漫如锦，黄果大而芳香，是一种很好的观花、观果树种。适宜于庭院墙隅、草坪边缘、树丛周围、池畔溪旁丛植，也可在常绿灌木前植成花篱、花丛；其老桩还可制作成树桩盆景。

果实

郁 李

◎学名：*Cerasus japonica* (Thunb.) Lois.
◎别名：爵梅 寿李
◎科属：蔷薇科·樱属

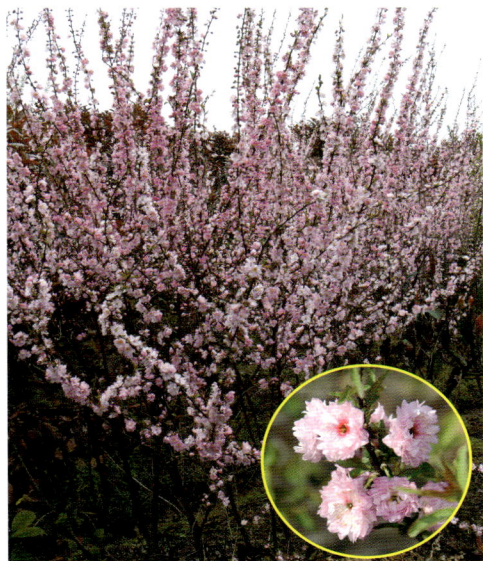

形态： 落叶灌木，高约2m。枝干常簇生成丛，小枝纤细，弯曲而接近地面。单叶互生，叶披针状卵形，先端长尖，基部圆形，缘有锐重锯齿，入秋叶转紫红色。花期3~4月，花单生或2~3朵簇生，粉红至近白色，与叶同放。核果球形，果期6~7月，深红色。

习性： 阳性，喜光，耐寒；对土壤要求不严，唯石灰岩山地生长最盛，耐旱；萌蘖力强，易繁殖更新；不畏烟尘，抗性较强。

分布： 产于我国中部各省；日本、朝鲜亦有分布。

繁殖： 采用播种、扦插或分株繁殖。

应用： 郁李桃红色宝石般的花蕾，繁密如云的花朵，深红色的果实，都非常美丽可爱，是园林中重要的观花、观果树种。宜丛植于草坪、山石旁、林缘、建筑物前，或点缀于庭院路边，或与棣棠、迎春等其他花木配植，也可作花篱、花境栽植。

棣 棠

◎学名：*Kerria japonica* (Linn.) DC.
◎别名：棣棠花 地棠 黄榆梅
◎科属：蔷薇科·棣棠花属

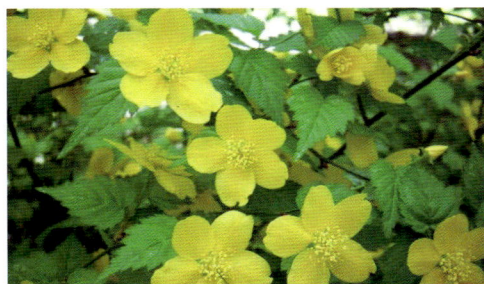

形态： 落叶丛生小灌木，小枝绿色，光滑，拱形，柔软下垂。叶互生，卵形至卵状椭圆形，先端渐尖，缘有锐重锯齿，表面鲜绿色，背面淡绿。花金黄色，5瓣，单生于侧枝顶端，萼片宿存，盛花期3~5月，少数开至10月。瘦果扁球形，8~9月成熟，黑色。
常见同属栽培品种：
重瓣棣棠花 *cv.Pleniflora* 花重瓣，一般不结实。

习性： 中性，喜光又耐荫；喜温暖湿润气候，耐寒性较差；对土壤要求不严，较耐湿；根萌蘖力强，能自然更新。

分布： 原产于长江流域及秦岭山区，现大江南北普遍栽培应用。

繁殖： 以分株、扦插繁殖为主，播种次之。

应用： 棣棠柔枝下垂，叶色青翠，金花朵朵，为枝、叶、花俱美的观赏花木。宜作花篱、花境栽植，或配植于草坪、山坡、树丛边缘、溪流湖岸、山石之间，则野趣益然；剪取花枝可供瓶插。

重瓣棣棠花

粉花绣线菊

◎学名：*Spiraea japonica* L.f.
◎别名：日本绣线菊
◎科属：蔷薇科·绣线菊属

粉花绣线菊

金焰绣线菊

金山绣线菊

珍珠绣线菊

形态： 落叶小灌木，枝开展，小枝近圆柱形。叶卵状披针形至披针形，边缘具缺刻状重锯齿，表面散生细毛，背面略带白粉。花期5~6月，花粉红色，由多花集成复伞房花序，密被柔毛。果期8~9月，蓇葖果半张开，卵状椭圆形。

习性： 中性，喜光稍耐荫；喜温暖气候，亦耐寒；在湿润肥沃土壤生长旺盛，亦耐贫瘠；分蘖力强，繁殖容易。

分布： 原产日本和朝鲜半岛，现华北以南地区普遍栽培。

繁殖： 采用播种、扦插和分株繁殖。

应用： 粉花绣线菊为常用地被类观赏花木，可布置花坛、花镜，配置于山石、草坪及小路角隅等处，亦可在门庭两侧种植或配置花篱。

牡　丹

◎学名：*Paeonia suffruticosa* Andr.
◎别名：花王　富贵花　洛阳花　木芍药
◎科属：毛茛科·芍药属

枝叶

果实

形态： 落叶灌木，根肉质，棕褐色，分枝短而粗。叶互生，二回三出羽状复叶；小叶卵形或披针形，顶生小叶上部3浅裂，侧生小叶斜卵形；叶表面绿色，背面淡绿色，有白粉。花期4月中旬~5月上旬，花大，茎10~20 cm，单生枝顶；有红、粉红、黄、绿、紫、白等色，有单瓣、重瓣及台阁等类型。蓇葖果卵形，先端尖，密被黄褐色毛；果期9月，种子褐色或紫黑色。

习性： 牡丹对气候要求比较严格，喜温暖、干凉、阳光充足及通风良好的独特环境；分蘖力强，易分株繁殖；开花期若适当遮荫可延长花期，并使花色艳丽。

分布： 原产于我国西部及北部，集中分布于陕西秦岭地区，尤以河南洛阳、山东菏泽栽培最负盛名。栽培品种甚多，现世界各国多有引种栽培。

繁殖： 可用分株、嫁接或播种繁殖。

应用： 牡丹为我国传统名贵花木，株形端庄，枝叶秀丽，花姿典雅，花色丰富多彩，且具芳香，超群不凡，远在唐代就已赢得"国色天香"之赞誉。千百年来深受人们所喜爱，被尊为百花之王、中国名花之最，歌咏传记，不胜枚举。牡丹在庭园中常植于花台之上，或在山石旁、树周围分层栽植，或与草花相配合，构成以牡丹为主景的园中之园。牡丹盆栽应用更为灵活方便，既可在景点摆放，也可举办品种展览以及装点室内环境。

木 槿

◎**学名**：*Hibiscus syriacus* Linn.

◎**别名**：朝开暮落花　篱障花

◎**科属**：锦葵科·木槿属

形态：落叶灌木或小乔木，高约3~5m。分枝多，稍披散，小枝幼时密被绒毛。叶互生，菱状卵形，不裂或中部以上3裂。6~9月开花，花单生于叶腋，花瓣钟形，单瓣或重瓣，有紫、粉红、白等色，且朝开暮落。果9~10月成熟，蒴果长圆形，被绒毛，种子褐色。

同属栽培种：

海滨木槿 *Hibiscus hamabo* Sieb et Zucc 落叶灌木，叶近心形，厚纸质；花期6~7月，花朵黄色；原产于浙江舟山群岛和福建沿海。

习性：中性，喜光，稍耐荫；喜温暖、湿润环境，亦较耐寒；喜水湿，又耐干旱，耐贫瘠土壤；萌芽力强，耐修剪，抗烟尘和有害气体的能力较强。

分布：自东北南部至华南各地均有栽培，尤以长江流域为多。

繁殖：可用播种、扦插、压条等法繁殖，而以扦插为主。

应用：木槿花色素雅，且开花长达百余日，是夏季开花的主要树种之一，可孤植、丛植，也可用作花篱材料；对二氧化硫、氯气等有害气体抗性很强，又有滞尘功能，可作有污染的工厂和街坊的绿化树种。海滨木槿原产于沿海地区，故适宜于沙地、海涂、盐碱地的绿化。

孤植

花朵

海滨木槿

木芙蓉

◎学名：*Hibiscus mutabilis* Linn.
◎别名：芙蓉花　拒霜花
◎科属：锦葵科·木槿属

形态： 落叶灌木，高约2~5m。单叶互生，叶大，广卵形，3~5掌状分裂，基部心形，边缘具钝锯齿，两面具星状毛。花期9~10月，花大，单生于枝端叶腋，单瓣或重瓣，花冠白色或淡红色，后变深红色。蒴果扁球形，果期12月；种子肾形，有长毛，易于飞散。

习性： 中性，喜光，略耐荫；喜温暖、湿润环境，不耐寒；对土壤要求不高，瘠薄土地亦可生长，既耐干旱，又耐水湿；冬季地上部枯萎，呈宿根状，翌春从根部萌生新枝。

分布： 原产于我国，黄河流域至华南均有栽培，尤以四川成都一带为盛，故成都有"蓉城"之称。

繁殖： 以扦插为主，也可分株、压条或播种繁殖。

应用： 木芙蓉秋季开花，花大色丽，自古以来多在庭园栽植，可孤植、丛植于墙边、路旁、坡地等处，特别宜于配植池边、湖畔。对二氧化硫抗性特强，对氟气、氯化氢气体有一定抗性，可用于有污染的工厂绿化，既美化环境又净化空气。

鸡冠刺桐

◎学名：*Erythrina cristagalli* Linn.
◎别名：巴西刺桐　鸡冠豆
◎科属：豆科（蝶形花科）·刺桐属

形态： 落叶灌木或小乔木，高约2~4m。三出复叶，小叶长卵形，羽状侧脉，革质。花期5~8月，腋生，总状花序，花冠橙红色，旗瓣倒卵形特化成匙状，与龙骨瓣等长，宽而直立，翼瓣发育不完全，余瓣几成一束，雄蕊花药黄色，裸露。荚果长10~20cm，内有种子3~6枚。

习性： 中性，喜光，稍耐荫；喜温暖气候，亦较耐寒；适应性强，既耐干旱贫瘠，又能抗盐碱；对土壤要求不严，但排水良好的壤土或砂质壤土生长最佳。

分布： 原产于我国，现世界各地广泛栽培。

繁殖： 采用播种或扦插繁殖。

应用： 鸡冠刺桐适应性强，枝干苍劲古朴，树态优美，花形独特，花色艳丽，具有较高的观赏价值。在园林绿化中独具一格，孤植、丛植、群植于草坪上、道路旁、庭园中或与其它花木配植，显得鲜艳夺目，是公园、庭院、道路以及盐碱地绿化的优良树种。

单叶蔓荆

◎学名：*Vitex trifolia var.simplicifolia* Cham
◎科属：马鞭草科·牡荆属

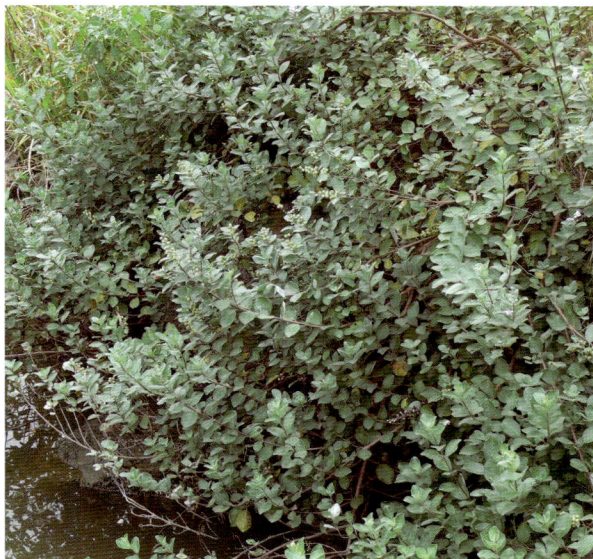

形态：落叶匍匐性灌木，幼枝四方茎，密生细柔毛，老枝渐变圆，毛渐脱落。单叶对生，叶片卵形或倒卵形，先端短尖，基部楔形至圆形，全缘，表面绿色，疏生短柔毛和腺点。花期6~7月，穗状花序顶生；花萼钟形，唇形花冠4裂，淡紫色；雄蕊4枚，伸出花管外，雌蕊由两个心皮结合而成，子房上位。核果球形，果期9~10月。

习性：阳性，喜光；根系发达，适应性强，耐寒，耐干旱瘠薄、耐盐碱；匍匐茎着地部分生须根，能很快覆盖地面而抑制其他杂草生长。

分布：自然分布于山东、浙江、福建、广东等沿海沙地。

繁殖：主要采用播种与扦插繁殖。

应用：单叶蔓荆适应性强，生长速度快，一旦形成群落后，具有很强的抗风、抗旱、抗盐碱能力。在园林绿化上可丛植、群植，以形成庞大的植物群落，覆盖丘陵薄地、瓦砾等劣质土壤地表。

绣球花

◎学名：*Hydrangea macrophylla* (Thunb.)Seringe
◎别名：八仙花　紫阳花·草绣球
◎科属：虎耳草科·绣球属

形态：落叶灌木，高约1~2m。小枝粗壮，皮孔明显。单叶对生，叶大而稍厚，有光泽，倒卵形至椭圆状宽卵形，长7~15cm，具粗锯齿，叶柄粗壮。花两性，球形伞房花序顶生，径10~20cm；几乎全为不育花，扩大之萼片4枚，卵圆形，白色、粉红色或蓝色；花期5~6月。

习性：中性，喜光又耐荫，忌强光直射；喜温暖气候，不甚耐寒；宜腐殖质丰富、湿润而又排水良好的土壤，不耐干旱；喜酸性土，在碱性土中生长不良，枝叶发黄；萌蘖力强，易繁殖更新。

分布：原产于我国江南各地，北方多盆栽观赏。

繁殖：可用分株、扦插或压条繁殖。

应用：绣球花碧叶清雅柔和，繁花聚集如球，花色或红或蓝，艳丽可爱。宜丛植于林缘或门庭入口处，群植于乔木之下，或列植成花篱、花境；因其对有毒气体有一定的抗性，也可用于工厂绿化；盆栽可供室内欣赏。

小　檗

◎ **学名**：*Berberis thunbergii* DC.

◎ **别名**：日本小檗

◎ **科属**：小檗科·小檗属

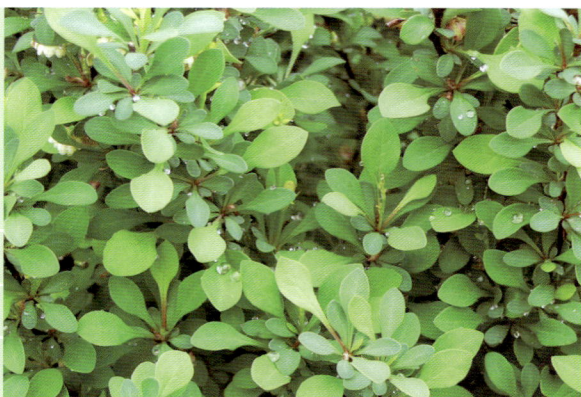

形态：落叶灌木，枝丛生，幼枝紫红色，老枝灰棕色，有槽，刺单生，与枝条同色。叶小匙状，倒卵状椭圆形，先端钝尖，有时具细小的短尖头，表面暗绿色，背面灰绿色。花期4月，花序伞形或近簇生，有花2~5朵，少有单花，黄白色。果期10月，浆果椭圆形，熟时红色，有宿存花柱。常见栽培品种有：

紫叶小檗 *cv.atropurpurea* 小枝暗紫色，叶片紫红色，花红色花瓣有红晕，浆果鲜红色。

金叶小檗 *cv.aurea* 小枝青绿色，茎多刺，春季新叶淡黄色，后渐变深呈金黄色，秋季落叶前变成橙黄色。

习性：中性，喜光，耐半荫，耐寒；喜肥沃、排水良好的土壤，耐旱，不耐水涝；萌芽力强，耐修剪整形。

分布：原产于我国东北南部、华北及秦岭地区，日本亦有分布；现全国各地普遍栽培。

繁殖：常用播种和扦插繁殖。

应用：小檗及其变种具有较高的观赏价值，是城市园林绿化、公路绿化隔离带的常用树种；也是抗旱、抗寒、抗风沙的优良树种，可作为防风固沙、保持水土和涵养水源林的地被物。紫叶小檗、金叶小檗还适宜与绿色灌木作块面色彩布置，或盆栽制作盆景及配植山石，观赏效果皆好。

紫叶小檗

金叶小檗

细叶小檗

红叶小檗片植

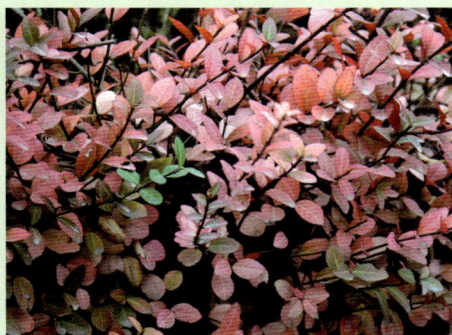

08

常绿藤本与匍匐植物

　　在园林植物中藤本植物与匍匐植物是很重要的两个类型，其在园林绿化、美化上的效果是其它类型植物所不能替代的。根据其冬季是否落叶，将藤本、匍匐植物分为常绿与落叶两大类。有些藤本植物既能向上攀援生长，高达数米至数十米，又能沿地面匍匐生长，长达数米至数十米，故而将藤本植物和匍匐植物两者合在一起作介绍。本节介绍的是常绿藤本与匍匐植物。

络 石

◎**学名**：*Trachelospermum jasminoides* (Lindl.)Lem.

◎**别名**：石龙藤　白花藤

◎**科属**：夹竹桃科·络石属

垂直绿化

风车形花朵

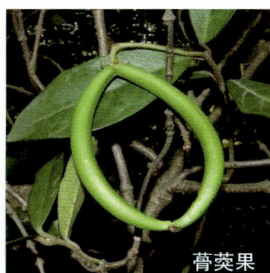
蓇葖果

形态：常绿攀援或匍匐状藤本，茎长达10m。茎赤褐色，茎节膨大，多分枝；幼枝被黄色柔毛，常有气生根。单叶对生，薄革质，卵圆形或卵状披针形。花期4~5月，聚伞花序顶生或腋生，花白色，花瓣排成右旋风车形，具清香。蓇葖果长如荚，果熟期9~10月，种子线形，具白毛。

常用栽培品种有：

花叶络石 *cv.variegate* 春季新叶粉红色。

黄金锦络石 *cv.asiaticum* 叶面金黄色或复色。

五彩络石 *cv.variegatum* 叶具白色或浅黄色斑纹。

习性：中性，喜光，稍耐荫；适应性极强，耐寒；对土壤要求不严，耐干旱，亦耐水湿；抗污染能力强，并能吸滞粉尘，能使空气得到净化。

分布：自然分布于我国东南部，现黄河以南地区均有栽培。

繁殖：一般采用扦插繁殖，枝插极易成活。

应用：络石叶色浓绿，四季常青，花如白雪，清香诱人，为优良的观花观叶藤蔓植物。可植于庭园、公园的院墙、石柱、亭廊、陡壁等攀附点缀，十分美观；也是理想的地被植物，可在疏林草地的林间、林缘栽植；同时可用于污染厂区和公路护坡等环境恶劣区块的绿化。花叶络石、金叶络石、斑叶络石等为新开发的色彩地被植物，园林应用逐渐普及。

花叶络石

黄金锦络石

五彩络石

薜 荔

◎学名：*Ficus pumila* Linn.
◎别名：木莲藤　凉粉果　壁石虎
◎科属：桑科·榕属

形态： 常绿攀援或匍匐状藤本，幼时以气根附生于树木、墙垣或岩石上。叶二型，营养枝上的叶质薄而小，心状卵形，基部偏斜，几无柄；结果枝上的叶大而厚，革质，椭圆形，全缘，有柄。隐头花序，花序托倒卵形或梨形，单生于叶腋，4月间开花；小瘦果9月成熟。

习性： 中性，喜光又耐荫；喜温暖湿润气候，亦耐寒；适生于含腐殖质的酸性或中性土壤，耐干旱瘠薄；对有毒气体有一定的抗性。

分布： 分布于我国华北、华东至广东、海南各省，日本、印度也有分布。

繁殖： 以扦插为主，也可压条或播种繁殖。

应用： 薜荔叶片质厚，深绿发亮，寒冬不凋，郁郁葱葱。在园林中可让其攀援于岩坡、墙垣、假山、立峰或树上，自然野趣浓烈，立体绿化效果好。

景墙立体绿化

果实

常春藤

◎学名：*Hedera helix* Linn.
◎别名：洋常春藤
◎科属：五加科·常春藤属

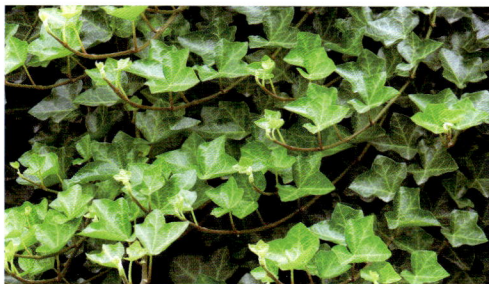

形态： 常绿攀援或匍匐状藤本，茎长可超过10m。枝蔓细弱柔软，具气生根，能攀援；叶互生、革质，深绿色，具长柄；营养枝上的叶三角状卵形，全缘或3浅裂；花枝上的叶卵形至菱形，全缘。花序伞形再集成圆锥花序，花小，淡黄白色或绿白色；核果球形，黑色。花期9~10月，果期翌年4~5月。

习性： 暖地树种，阴性，耐荫性强；喜温暖湿润气候，不耐寒；对环境适应性强，对土壤要求不严，酸性、中性土壤均能生长，栽培管理简易。

分布： 原产于欧洲，我国早年引种，现江南地区广泛栽培应用。

繁殖： 常用扦插、压条或播种繁殖。

应用： 常春藤枝柔叶密，四季翠绿，耐荫性强，并有多种叶色变异品种，特别适用于建筑物背阴处、大树密林之下、林地护坡、公路立交桥下等荫蔽环境也可用于室内立体绿化。

花叶常春藤

常春藤立体绿化

扶芳藤

◎**学名**：*Euonymus fortunei* (Turcz.) Hand.

◎**别名**：爬地卫矛

◎**科属**：卫矛科·卫矛属

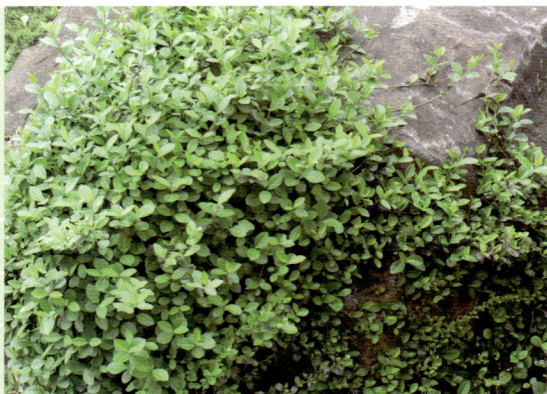

形态：常绿藤本，茎匍匐或攀援，有吸附根；小枝微具棱，有小瘤状突起皮孔。单叶对生，薄革质，椭圆形至椭圆状披针形，缘有锯齿，表面浓绿色，背面叶脉显著。花期5~6月，花小，绿白色，聚伞花序。果期10~11月，蒴果近球形，淡红色，开裂时显出红色假种皮。

常见栽培变种：

爬行卫矛 *var.radicans* 叶片较小，叶质厚，背面叶脉不明显，茎蔓较短，匍地而生，深秋叶色变红，多作为地被植物应用。

习性：中性，喜光又耐荫，不甚耐寒；适应性强，抗干旱，耐水湿，亦耐轻度盐碱；在干燥瘠薄处，叶质增厚，色黄绿，气根增多。

分布：分布于我国中部及南部地区；日本、朝鲜半岛也有。

繁殖：以扦插为主，亦可压条或播种繁殖。

应用：扶芳藤枝叶铺地，春夏翠绿，入秋红霞一片，为园林绿化中常用的常绿地被物。宜植于矮墙边、假山旁、岩石缝中，或栽在大树下，茎蔓以气生根攀援；也可作花架缠绕的材料，盆栽可制作微型盆景，典雅别致。

大叶黄杨　　　　　扶芳藤

速铺扶芳藤

爬行卫矛冬季叶色

金心扶芳藤

金边扶芳藤

银边扶芳藤

金银花

◎**学名**：*Lonicera japonica* Thunb.
◎**别名**：忍冬　二色花藤
◎**科属**：忍冬科·忍冬属

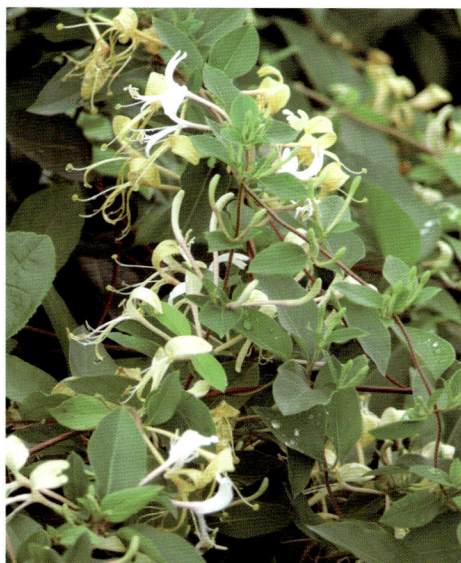

形态：常绿或半常绿缠绕藤本，茎细长中空，皮棕褐色，条形剥落，幼时密被柔毛。叶对生卵形或长卵形，先端有小短尖。盛花期5~6月，少数开至9月；花成对生于叶腋，花冠长筒状二唇形，上唇4裂，下唇不裂，初开白色，后变黄色，有清香。果期9~10月，浆果球形，蓝黑色。

习性：中性，喜阳亦耐荫，耐寒性强；对土壤要求不严，酸、碱土壤均能适应，也耐干旱和水湿；根系发达，萌蘖力强，茎着地即能生根，每年春夏两次发梢。

分布：北起辽宁，西至陕西，南达湖南，西南至贵州、云南。

繁殖：采用扦插、压条、分株、播种繁殖均可。

应用：金银花藤蔓缭绕，冬叶微红，开花时节花色黄白相间，开花时间长，且含清香，为色香俱佳的藤本植物。可缠绕篱垣、花架、花廊等作垂直绿化；或附于山石，植于沟边，用作地被，富有自然情趣；或在假山、岩坡缝隙间点缀，美化效果好。

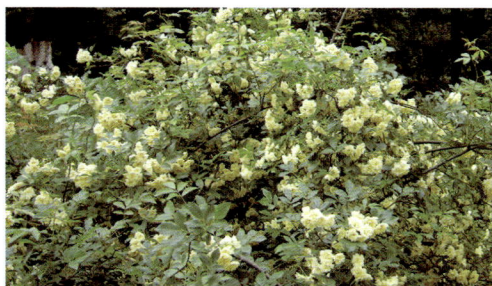

木　香

◎**学名**：*Rosa banksiae* W.T. Aiton
◎**别名**：木香花
◎**科属**：蔷薇科·蔷薇属

形态：半常绿攀援灌木，树皮红褐色，薄条状剥落。小枝绿色，无刺或少有刺。羽状复叶具小叶3~7枚，椭圆状卵形至长椭圆状披针形，缘有细锯齿，表面暗绿色有光泽，托叶线形，与叶柄分离，早落。花期5~6月，花黄色或白色，重瓣，芳香，成伞形花序，也有花单生的。果期9~10月，果近球形，红色。

习性：阳性，喜光，较耐寒，不畏热；适生于排水良好的微酸性至中性土壤，忌水涝；萌芽力强，耐修剪整形。

分布：原种分布于我国西南部，现华北以南地区多有栽培。

繁殖：常用扦插、压条繁殖，也可用野蔷薇作砧木嫁接。

应用：木香花在园林中常用作棚架、山石和墙垣的攀附材料，花可作襟花和切花插瓶，也可盆栽编扎成各种形态，摆放于室内观赏。

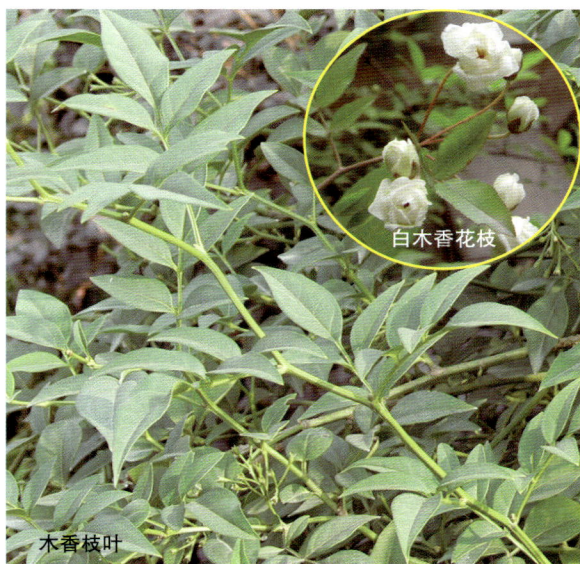

白木香花枝

木香枝叶

铁线莲

◎学名：*Clematis florida* Thunb.
◎别名：番莲　山木通　铁线牡丹
◎科属：毛茛科·铁线莲属

大花铁线莲

形态：半常绿或落叶木质藤本，全体疏生白色短毛，藤蔓瘦长而质硬。叶对生，二回三出羽状复叶，通常小叶9枚，狭卵形或卵状披针形。花期5~6月，花单生叶腋，花形轮状，白色；瘦果结成头状体，具宿存羽毛状之花柱。

习性：中性，上部枝叶喜光，基部枝叶喜蔽荫；耐寒性强，对土壤要求不严，喜碱性土壤，耐干旱，忌水湿；在高温多湿的雨季易发病。

分布：广布于西北、华东、华南及西南地区。

繁殖：可用播种、扦插、压条或嫁接繁殖。

应用：铁线莲可用于攀援墙篱、花架、花柱、拱门等园林建筑和设施，也可用作地被，还可做展览用切花。

蔓长春花

◎学名：*Vinca major* Linn.
◎别名：长春蔓
◎科属：夹竹桃科·蔓长春花属

形态：常绿蔓性半灌木，矮生，枝条匍匐生长，长达2m以上。小叶对生，椭圆形，质薄，全缘，亮绿色，有光泽，具叶柄。花期4~6月，花茎短而直立，花冠蓝色，5裂。蓇葖果双生，直立。
常用栽培品种：
花叶蔓长春花 cv. *Variegata*　叶面具黄白色斑，叶缘乳黄色。

习性：中性，喜光，稍耐荫；适应性强，对土壤要求不严，耐干旱，但忌水湿；能耐低温，在 –7℃气温条件下，露地种植也无冻害现象；分蘖能力很强，生长速度快。

分布：原产于地中海沿岸、印度，现长江流域以南地区广泛栽培。

繁殖：可用扦插、压条、分株繁殖，极易生根。

应用：蔓长春花叶色浓绿，四季常青，花叶蔓长春花叶镶银边，春末夏初开出的朵朵蓝花显得十分幽雅。在园林绿化中常作地被植物材料，也可盆栽或吊盆布置于室内、窗前或阳台，是一种良好的垂直观叶植物。

花叶蔓长春花枝

花叶蔓长春片植

09

落叶藤本与匍匐植物

　　在园林植物中藤本植物和匍匐植物是很重要的两个类型，其在园林绿化、美化上的效果是其它类型植物所不能替代的。根据其冬季是否落叶，将藤本、匍匐植物分为常绿与落叶两大类。有些藤本植物既能向上攀援生长，高达数米至数十米，又能沿地面匍匐生长，长达数米至数十米，故而将藤本植物和匍匐植物两者合在一起作介绍。本节介绍的是落叶藤本与匍匐植物。

紫　藤

◎**学名：** *Wisteria sinensis* Sweet

◎**别名：** 紫藤花　朱藤

◎**科属：** 豆科（蝶形花科）·紫藤属

形态： 落叶木质大藤本，枝条长达 10 余米；树皮浅灰褐色，小枝淡褐色；叶痕灰色，稍凸出。奇数羽状复叶，小叶卵状披针形或卵形，先端突尖，基部广楔形或圆形，全缘。花期 3~4 月，穗状花序，花蓝紫色，有芳香；荚果扁平，长条形，9~10 月果熟。

习性： 阳性，喜光，略耐荫；深根性，适应力强，耐干旱瘠薄，忌水湿；萌蘖力强，生长迅速，寿命长。

分布： 原产我国，华北以南各地均有栽培；国外亦有引种应用。

繁殖： 可用播种、分株、压条、扦插、嫁接等法繁殖。

应用： 紫藤老干盘桓扭绕，宛若蛟龙，春天开花，形大色美，披垂下曳，最宜作棚架栽植；若作灌木状栽植于河边或假山旁，亦十分相宜；老桩可制作盆景，观形、观花、观果俱佳。

枝叶

果实

紫藤公园廊架绿化

紫藤穗状花序

多花蔷薇

◎学名：*Rosa multiflora* Thunb.

◎别名：野蔷薇　藤本月季

◎科属：蔷薇科·蔷薇属

形态：落叶木质藤本，枝干扩展，枝条长约 3~5m；幼枝青绿色，老枝灰褐色；上有弯曲尖刺，蔓性或攀援。羽状复叶，有小叶 5~9 枚，托叶大部分和叶柄合生，边缘篦齿状分裂，有腺毛。花期 4~6 月，圆锥状伞房花序，花色丰富，白、粉红色或复色，重瓣；果熟期 9~11 月，果实近球形。

习性：阳性，喜阳光充足，空气流动的环境、忌蔽荫；喜肥沃、疏松和微酸性土壤，耐瘠薄，不耐水涝。

分布：原产江苏、湖北、广东、云南等省，现世界各地均有栽培。

繁殖：多用扦插或嫁接法繁殖。

应用：多花蔷薇花枝招展，花色艳丽，花期较长，且能向上攀援，是春末夏初重要观花植物之一。适宜在铁栏边栽植成花篱，也可布置花框、花架、墙垣等，或在草坪、园路角隅、水边驳岸、假山等处配植也甚合适，重瓣花朵又可作切花用。

果实

围墙立体绿化

爬山虎

◎学名：*Parthenocissus tricuspidata* (Sieb. et Zucc.)Planch.
◎别名：爬墙虎　地锦
◎科属：葡萄科·爬山虎属

形态：落叶木质藤本，分枝多，卷须短且多分枝，须端扩大成吸盘，细蔓嫩红色，茎长达20余米。单叶3裂或3小叶，互生，叶宽卵形，基部心形，缘有粗齿，幼枝及老枝下部的叶也有3出复叶或3全裂的，叶柄长。5~6月开花，聚伞花序，花小，淡黄绿色；浆果球形，9~10月成熟，蓝墨色，被白粉。

习性：中性，喜光，稍耐荫；对气候和土壤的适应性极强，耐寒、耐干旱瘠薄、亦耐阴湿；生长快速。

分布：分布极广，我国吉林至广东均有分布；日本也有。

繁殖：以扦插为主，也可压条或播种繁殖。

应用：爬山虎的蔓茎能沿墙壁、山坡、树干迅速生长发展，可以垂直覆盖墙壁等，而且叶片翠绿茂密，因而是墙面垂直绿化、公路斜坡覆盖的主要植物材料；也可以点缀假山和叠石。

凌霄

◎学名：*Campsis grandiflora* (Thunb.)Schum.
◎别名：凌霄花　紫葳　陵苕
◎科属：紫葳科·凌霄属

形态：落叶攀援大藤本，以气生根攀援上升，枝长达10余米；枝皮灰褐色，呈细条纵裂。奇数羽状复叶，对生，小叶7~9枚，卵形或卵状披针形，端渐尖，缘有粗锯齿。花期6~9月，由三出聚伞花序集成顶生圆锥花序，花朵较大，花冠漏斗状钟形，外面橙红色，内面鲜红色。蒴果细长如豆荚，果熟期10月。

同属栽培种：

美国凌霄 *C.radicans* 小叶7~13枚，叶背脉间有细毛，花冠较小，筒长，橘黄色；耐寒性较凌霄强。原产美国，现我国各地常见栽培。

美国凌霄

习性：中性，好阳而又稍耐荫，性喜温暖，不甚耐寒；适生于排水良好、背风向阳、肥沃湿润的中性或微酸性土壤，亦耐旱，忌积水；萌生力强，萌蘖性亦强；耐烟尘，对有毒气体有一定的抗性。

分布：原产我国华北至长江流域一带，各地多有栽培。

繁殖：以扦插、压条为主，也可分株、播种繁殖。

应用：凌霄和美国凌霄花色鲜艳，花期长，且值盛夏少花季节，为良好的垂直绿化材料。适宜栽植于花廊、棚架、花墙、花门等处，也可攀援假山、石壁、枯树；因其抗性较强，也可用于厂矿的绿化。

高速公路边坡绿化

葡　萄

◎学名：*Vitis vinifera* Linn.
◎科属：葡萄科·葡萄属

形态：落叶木质大藤本，枝长达 10 余米。枝粗壮，皮长片状剥落，红褐色，间断性卷须与叶对生，芽有褐色毛。单叶互生，叶大、卵圆形，3~5 裂，先端渐尖，基部心形。圆锥花序与叶对生，花小，色淡黄，杂性异株，花期 3~4 月。浆果球形或椭圆形，成串下垂，有紫色、红色、绿色等，果熟期 7~8 月。

习性：阳性，喜光，不耐荫；但病虫较多，寿命长。

分布：原产于欧洲和亚洲西部；在 2000 多年前汉代张骞出使西域引种于新疆后又传入内地，现各地普遍栽培。

繁殖：以扦插为主，也可压条或嫁接繁殖。

应用：葡萄枝长叶大，绿叶成荫，串串浆果晶莹可爱，为著名的水果和观果树种，深受人们的喜爱。除专园作果树栽培外，常用于庭院棚架、门廊绿化以及公园中跨路长廊和大型休息花架上作覆盖；亦也可盆栽观赏。

狝猴桃

◎学名：*Actinidia chinensis* Planch.
◎别名：中华狝猴桃　藤梨　羊桃
◎科属：狝猴桃科·狝猴桃属

形态：落叶缠绕大藤本，枝长达 10 余米。长枝先端具逆时针缠绕性，能攀附于其他植物或支架上，新梢年生长量可达 3m 以上；小枝幼时密生灰棕色绒毛，老叶渐脱落。叶纸质，营养枝上的叶宽卵圆形或椭圆形，花枝上的叶则近圆形，缘有纤毛状细锯齿，背面密生白色茸毛。花杂性，多为雌雄异株，3~6 朵形成聚伞花序，初为白色，后转为淡黄色，有香味，花期 4~5 月。浆果近球形至椭圆形，黄褐绿色，被棕色绒毛，香蕉味，果熟期 8~9 月。

习性：中性，喜光，略耐荫；喜温暖气候，亦较耐寒；喜肥沃湿润、排水良好的壤土，但对土壤适应性强；根系肉质，主根发达，形成簇生的侧根群；萌蘖力强，有较好的自然更新能力。

分布：广布于长江流域及以南各省区，北至陕西、河北也有分布。

繁殖：可用播种或用扦插、嫁接繁殖。

应用：狝猴桃藤蔓叶密荫浓，花色雅丽，果实圆大，甚为可爱，为新兴的棚架绿化材料和水果新品。适于自然式公园中绿廊、花架、绿门处配植应用，亦可攀附于古树、假山、峭壁、山坡。其果实富含维生素 C、糖类与氨基酸等，味酸甜而香，可鲜食或制果酱、果脯或酿酒。

果实

枝叶

花朵

昆明鸡血藤

◎**学名**：*Millettia reticulata* Benth.
◎**别名**：山鸡血藤
◎**科属**：豆科（蝶形花科）·崖藤属

形态： 落叶或半常绿攀援木质藤本。奇数羽状复叶，小叶 7~13 枚，卵状长椭圆形，先端钝，微凹，基部近圆形，无毛。圆锥花序顶生，花序轴被黄色疏柔毛；花多而密集，单生于序轴的节上；萼钟状，花冠紫红色或玫瑰红色；花期 8~9 月。荚果扁条形，长约 15cm，果瓣近木质，种子扁圆形，10~11 月成熟。

习性： 中性，喜光，稍耐荫；喜温暖气候，耐寒性弱；土壤适应性强，耐干旱瘠薄，在肥沃、排水良好的土壤中生长旺盛。

分布： 分布于华东、华南及云南昆明，常生于山野间灌丛之中。

繁殖： 以播种繁殖为主，也可扦插或分株繁殖。

应用： 昆明鸡血藤枝叶青翠茂盛，夏末秋初开花，紫红或玫瑰红色圆锥花序成串下垂，色彩艳美。适用于花廊、花架、围墙等的垂直绿化，也可配置于亭榭、山石旁，或作地被物覆盖荒坡、堤岸及疏林下的裸地等，老桩还可制作盆景观赏。

葛　藤

◎**学名**：*Pueraria lobata* (Willd.) Ohwi
◎**科属**：豆科（蝶形花科）·葛属

高速公路边坡绿化

花枝

形态： 落叶大藤本，茎长达 20 余米。全株有褐黄色长硬毛，块根厚大。小叶顶生，菱状卵形，端渐尖，全缘，有时浅裂，叶背有粉霜。花期 8~10 月，花冠紫红色。

习性： 阳性，喜光，不耐荫；适应性极强，不择土壤，耐干旱瘠薄；耐寒，在寒冷地区越冬时地上部分冻死，但地下部分仍可正常越冬。

分布： 原产于我国华中各省山区，现华北以南各地均有栽培。

繁殖： 采用扦插、分株繁殖。

应用： 葛藤能适应各种地形、地貌的复杂环境，在沉降或阶台式地形的垂直绿化上能很好地发挥其特长，如高速公路护坡、土山的绿化及水土保持等；其观叶、观花效果也较好，也是棚架、门廊绿化的好材料。

10

特型植物

    在园林植物中苏铁科、棕榈科、龙舌兰科的内部构造与外部形态比较特殊，茎干没有形成层，叶片大而美观；豆科（蝶形花科）的龙爪槐、槭树科的羽毛枫，通常采用嫁接繁殖，形成特殊的形态，既不是乔木型又不是灌木型；在滨海地区生长的木麻黄，其叶退化，形成特殊的"叶状枝"，远看似针叶，实则为枝条。上述这些植物具有特殊的形态，园林绿化、美化效果甚好，因而深受人们的喜爱。

苏 铁

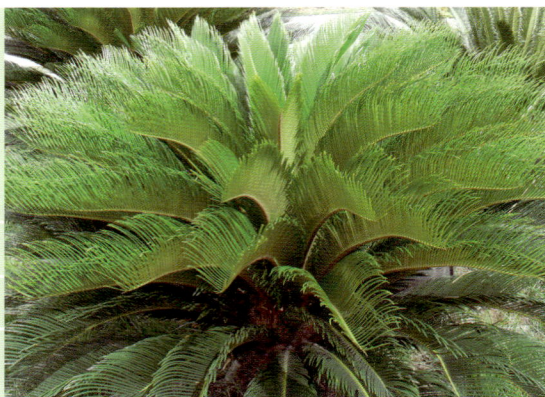

◎**学名**：*Cycas revoluta* Thunb.

◎**别名**：铁树　凤尾蕉　避火蕉

◎**科属**：苏铁科·苏铁属

雄株的雄花（小孢子叶球）

雌株的雌花（大孢子叶球）

种子

棉毛。种子 10 月成熟，卵形，微扁，红色，长 2~4cm。

习性：中性，喜光又耐荫；喜温暖湿润气候，耐寒性差，易受冻害；生长缓慢，寿命可达 200 年以上。在原产地栽培，10 余年后则每年能开花结果。

分布：原产于我国福建、台湾、广东等地，日本、印度、菲律宾也有分布。

繁殖：常用播种、分蘖繁殖。

应用：苏铁为现今世界上生存最古老的植物之一；其形态优美，有反映热带风光的观赏效果。常对植于庭院大门两侧，孤植、丛植于花坛中心或开阔的草坪内，也可盆栽布置大厅、走廊、会场等，供室内装饰与观赏。南方可露地栽植，北方以盆栽为主。

形态：常绿棕榈状乔木，高约 8m。茎干粗短，圆柱形，一般不分枝。营养叶羽状全裂，裂片线形，厚革质而坚硬，边缘显著反卷。花期 6~8 月，雌雄异株，花单生枝顶；雄球花长圆柱形，小孢子叶木质，扁平鳞片状或盾形，螺旋状排列，背面着生数个药囊；雌球花略呈扁球形，大孢子叶宽卵形，有羽状裂，密被黄褐色

▶ 造型苏铁

丛植

盆栽

棕 榈

◎**学名**：*Trachycarpus fortunei* (Hook.f.)H.Wendl.

◎**别名**：棕树　山棕　栟榈

◎**科属**：棕榈科·棕榈属

形态：常绿特殊型乔木，高约10m。茎干圆柱形，叶特大，圆扇形，掌状深裂，革质，坚硬，叶柄长，边缘具细锯齿。雌雄异株，肉穗花序，花期4~5月；核果肾形，10~11月成熟，蓝褐色，被白粉，种子腹面有沟。

习性：中性，喜光，稍耐荫；喜温暖湿润气候，亦较耐寒；无主根，须根发达，生长缓慢；耐干旱，耐轻度盐碱，忌水涝；对多种有害气体有抗性。

分布：主要分布于陕西南部以南各省区，日本、印度、缅甸也有。

繁殖：采用播种繁殖。

应用：棕榈挺拔秀丽，端庄质朴，呈现南国风韵；可对植、列植于庭前、路边，或孤植、群植于池边、林缘，亦可盆栽作室内装饰与布置会场。棕榈对多种有害气体有较强的抵抗和吸收能力，故可在污染区大面积栽植，具有美化、净化双重作用。

棕榈丛植

肉穗花序

公园群植

147

加拿利海枣

◎学名： *Phoenix canariensis* Hort ex Chaub
◎别名：长叶刺葵　加拿利刺葵　槟榔竹
◎科属：棕榈科·刺葵属

花枝

果实

形态：常绿特殊型乔木，高达 10~15m。干单生，其上覆以不规则的老叶柄基部。叶特大型，长可达 3~4m，呈弓状弯曲，集生于茎端；单叶羽状全裂，成树叶片的小叶有 150~200 对，形窄而刚直，端尖；叶柄短，基部肥厚，叶柄基部的叶鞘残存在干茎上，形成稀疏的纤维状棕片。5~7 月开花，肉穗花序从叶间抽出，多分枝。果期 8~9 月，果实卵状球形，先端微突，成熟时橙黄色；种子椭圆形，中央具深沟，灰褐色。

习性：中性，喜光，耐半荫；喜温暖湿润气候，耐酷热，不耐寒；对土壤要求不严，耐贫瘠，耐盐碱；根系发达，抗风力强。

分布：原产于非洲西岸的加拿利海岛；1909 年引种到我国台湾地区，1985 年前后引入长江以南地区栽培应用。

繁殖：采用播种繁殖，春至夏季为适期。

应用：加拿利海枣株形挺拔，羽片坚韧，叶绿壮旺，树形优美舒展，富有热带风韵。现在长江以南地区用于公园造景、道路绿化，孤植、列植或丛植，都有很好的观赏效果；小树也可盆栽作室内布置。

识别要点：叶状枝

木麻黄

◎学名： *Casuarina equisetifolia* J.R.Forst.
◎别名：马毛树　驳骨松
◎科属：木麻黄科·木麻黄属

形态：常绿大乔木，高达 30m。树干通直，树皮深褐色，不规则条裂。小枝绿色，代替叶的功能，称为叶状枝；叶退化呈鳞片状，每节着生 6~8 枚。花单性，同株或异株，花期 5~6 月；聚合果椭圆形，外被短柔毛，种子具翅。

习性：阳性，喜光，喜炎热气候；喜钙镁，耐盐碱，耐干旱贫瘠土壤，也耐潮湿；根系具根瘤菌，故在瘦瘠沙土上也能速生；抗风力强，不怕沙埋；寿命短，30~50 年即衰老。

分布：原产澳大利亚东北部及太平洋岛屿近海沙丘。我国浙江、福建、台湾、广东、海南等沿海地区有栽培。

繁殖：常用种子繁殖，也可用半成熟枝扦插。

应用：木麻黄生长迅速，树形高大，抗风力强，不怕沙埋，能耐盐碱，是我国南方滨海地区绿化和营造防风固沙林的优良树种。

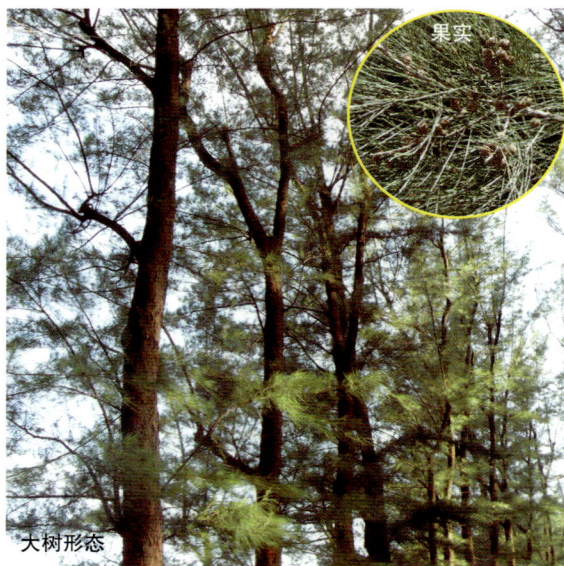

果实

大树形态

龙爪槐

◎ **学名：** *Sophora japonica var. pendula* Loud.

◎ **别名：** 盘槐

◎ **科属：** 豆科（蝶形花科）·槐属

形态： 为槐树的栽培变种，树冠呈伞形；小枝绿色，有明显皮孔，枝条弯曲下垂，颇似龙爪，故而得名。叶形与槐树相似，奇数羽状复叶，互生；小叶对生，卵状披针形，表面深绿色，背面淡绿色。花期6~7月，穗状圆锥花序顶生，花蝶形，白色。荚果于种子间缢缩成念珠状，肉质，10月成熟。

习性： 阳性，喜光，耐寒；深根性，适应性强，耐干旱瘠薄，但在多风、低洼处生长不良；耐烟尘，抗性较强。

分布： 北自辽宁，南至广东，东自山东，西至甘肃、四川、云南均有栽植。

繁殖： 采用槐树高位嫁接，多用枝接或方块芽接。

应用： 龙爪槐枝条盘曲下垂，树姿独特优美，可作装饰性树种，常对植于出入口处、建筑物前或丛植于庭园及草坪边缘。

叶序

花枝

龙爪槐盆景

龙爪槐冬景

羽毛枫

◎学名：*Acer palmatum var.dissectum* Maxim.
◎别名：细叶鸡爪槭　青羽毛枫
◎科属：槭树科·槭属

青羽毛枫

幼果枝

红羽毛枫

形态： 为鸡爪槭的栽培变种，树冠低矮而开展，枝略下垂，叶掌状深裂达基部，裂片又羽状深裂，具细尖齿，绿色，秋叶深黄至橙红色。
同属栽培变种：
深红细叶鸡爪槭（又名红羽毛枫）*var. ornatum* Schwer　叶形与细叶鸡爪槭（青羽毛枫）相同，唯叶春季至秋季呈紫红色。

习性： 中性，喜温暖气候，不耐寒。

分布： 分布于河南至长江流域。

繁殖： 主要采用嫁接繁殖，也可播种或扦插繁殖。

应用： 羽毛枫姿态婆娑，叶形秀丽，叶色青绿或紫红，为珍贵之观叶树种。宜点缀于庭前、溪边、路旁，色彩调和，引人入胜；或丛植于草坪边角及在山石中配植，衬以粉墙，并与茶梅、杜鹃类同植，则相映成辉；亦可作盆栽或制作树桩盆景，盎然可爱。

凤尾兰

◎学名：*Yucca gloriosa* Linn.
◎别名：菠萝花　剑麻
◎科属：龙舌兰科·丝兰属

形态： 常绿灌木；茎干短，少分枝，叶在短茎上密集成丛。叶梗直、宽剑形，基部簇生，长40~60cm，厚革质，先端呈坚硬刺状，表面粉绿色，缘具疏齿。花期9~10月（个体差异较大，少量植株5~6月开花），大型圆锥花序自叶丛中抽出，花梗粗壮而直立，高达1m余，花自下而上次第开放，乳白色，具六棱。蒴果，长圆状卵圆形，长5~6cm，不开裂。

习性： 阳性，喜光，生命力强，耐干旱瘠薄，耐寒；喜排水良好的沙质壤土，对酸碱度适应范围广；对有毒气体抗性较强。

分布： 原产美国东部；现我国长江流域各地多有栽培。

繁殖： 常用播种、分株及扦插繁殖。

应用： 凤尾兰、丝兰叶形似剑，花茎挺立，花白如玉，富有幽香，为花叶俱佳的观赏花木。在庭院中宜丛栽于花坛中心、草坪角隅、树丛边缘或假山石边，与棕榈配植或作花草之背景，颇具特色。因其叶坚硬锋利，不宜栽植于园路边，以免儿童触碰刺伤。

剑形叶片

假山配景

11

观赏竹类

　　竹类是观赏植物中的特殊类型，不仅种类多、分布广、生长快、管理易、收效快，而且观赏期长。竹类在形态特征、生长繁殖等方面与树木不同，其在园林绿化中的地位以及在造园中的作用，也非树木所能取代，因此自古以来深受人们的喜爱。

　　竹类属于禾本科竹亚科，大部分为常绿木本，呈乔木或灌木状，少数为草本，后者称为竹草。竹亚科约有70个属，1300多种；我国有26属，约300种。

竹类的形态特征

1. 竹的地下茎称为竹鞭，竹鞭上有节，节处有芽，竹鞭的节间近于实心。根据地下茎的生长方式不同，将竹类分为三大类型：

（1）**单轴散生型**：地下茎均呈水平横向生长，当其延伸至相当距离后，于节上出笋而发育成竹；连年如此，可以较快地扩张成林。

（2）**合轴丛生型**：地下茎极短，不能在地下作长距离蔓延生长，靠顶芽抽笋，母子相依，代代相连，最终构成密集丛生的竹丛。

（3）**复轴混生型**：兼有前两型的特点，既有横走的竹鞭，又有短缩成堆的地下茎。

2. 地下茎节上有芽，芽长大为笋，笋出土脱箨成地上茎，称为竹秆。竹秆上秆节明显，秆内有横隔，节间中空。节部有两个环，下环称为箨环，上环称为秆环，两环之间称为节内。节上生芽，萌发成枝；我国竹种的分枝芽均为单芽，中南美有些竹为多芽。单芽分枝数又有四种类型：1分枝，如赤竹属；2分枝，如刚竹属；3分枝，如方竹属；多分枝，如箣竹属。

3. 竹叶呈线状披针形或长椭圆形，有短柄，叶柄与叶鞘相连处形成一关节，易自叶鞘脱落。叶中脉突起，侧脉平行，叶缘一侧有微细锯齿，一侧近于平滑；叶鞘包裹小枝节间，与叶片连接处的内侧有膜质片或纤毛，称为叶舌，两侧耳状突起称为叶耳。

4. 竹笋及新秆外所包的壳称笋箨或秆箨，实际上为一巨大的芽鳞片，随着新秆的长大逐渐脱落。一个完整的秆箨由箨鞘、箨叶、箨舌、箨耳、宿毛组成。其宽阔抱秆的部分称箨鞘，上端较小似叶的部分称为箨叶，箨叶与箨鞘之间有舌状窄片称箨舌，两侧有箨耳，箨耳上常有宿毛。

5. 竹子根系集中稠密，竹秆生长快，生长量大，对水、肥要求高，既要有充分水湿条件，又要排水良好，并要求土层深厚、富含有机质和矿质营养的酸性或中性土。

毛　竹

◎**学名**：*Phyllostachys pubescens* Mazel ex H.de Leh
◎**别名**：楠竹　江南竹
◎**科属**：禾本科·竹亚科·刚竹属

形态：大型地下茎单轴型散生竹，秆高达 10~20m，径达 10~20cm，中部节间长 30~40cm。秆壁厚，秆箨厚革质，密生棕褐色毛及黑褐色斑点；新秆绿色，密被柔毛和白粉，老秆无毛，节下有白粉环。枝叶二列状排列，每小枝 2~3 叶，叶片披针形。笋期 3 月下旬~4月。部分老竹能开花，穗状花序，每小穗 2 朵小花，颖果针状；花后老竹逐渐枯萎死亡。

习性：中性，喜光，稍耐荫；喜温暖湿润气候，亦较耐寒；在沙岩、页岩等厚层酸性土壤上生长良好，在过于干燥的沙荒石砾地、盐碱土或积水的洼地皆不适应；竹秆易遭雪压折断，宜在秋末钩梢防护。

分布：分布于秦岭、汉水流域至长江流域以南地区，是我国面积最大、分布最广的笋用与材用竹种。

繁殖：以移植母竹繁殖为主，从秋后至初春皆可进行；也可播种培育实生苗。

应用：毛竹秆形粗大，高耸挺拔，姿态秀丽，顶梢常稍弯曲下垂，叶色四季翠绿，傲霜雪而不凋；竹林能净化空气、减弱噪声、调节温湿度，从而改善小气候。宜植于曲径、池畔、坡地、庭院一隅，或在风景区大面积种植，形成幽静深邃的景观。

春笋

竹类的地理分布

竹子的分布与季风气候密切相关。因为竹子的地下茎和根系距地表较近，属"浅根性"，不耐干旱，降雨量是竹子的限制因子，其次是温度因子。

世界竹子分布有三大中心：一是东南亚地区；二是中南美地区；三是中非地区。三个中心都受季风影响，气候温和，降雨量大，湿度较高。

我国有三大竹区：一是华南竹区（北纬25°以南），以丛生型竹类为主，如慈竹、麻竹、青皮竹等；二是黄河至长江竹区（北纬30°~37°之间），以散生型竹为主，如毛竹、刚竹、紫竹等，还有混生型的箬竹、箭竹等；三是长江至南岭竹区，面积广大，三种类型均有，竹子资源丰富，一般在山区和偏北部分主要是散生型，偏南的平原地区为丛生型。

刚 竹

◎**学名**：*Phyllostachys viridis* (Young) McClure
◎**别名**：胖竹　樺竹　柄竹
◎**科属**：禾本科·竹亚科·刚竹属

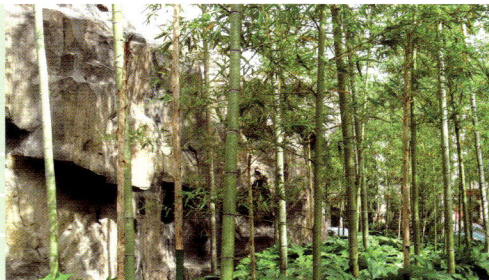

形态：中型地下茎单轴型散生竹；秆高8~15m，径4~8cm，中部节间长20~30cm。新秆绿色，无毛，微被白粉，老秆节下有白粉环；秆环不明显，箨环微隆起，节间在分枝一侧有纵沟。叶2~5枚生于小枝顶端，长椭圆状披针形。笋期4~5月，箨叶带状披针形，有桔红色边带。

习性：中性，喜光，稍耐荫；喜温暖湿润气候，亦耐寒，能耐–18℃低温；土壤适应性广，稍耐盐碱，但在黏重土生长较差，忌排水不良。

分布：分布于华北及长江流域以南地区，多生于平地缓坡。

繁殖：以移植母竹繁殖为主，也可播种培育实生苗。

应用：刚竹秆高而挺秀，叶常绿青翠，秆浅黄雅丽，可配植于建筑前后、山坡、水池边、草坪一角，或在居民新村、风景区种植绿化；也可筑台栽植，旁以假山石衬托，或配植松、梅，形成"岁寒三友"之景。

种植支撑方式

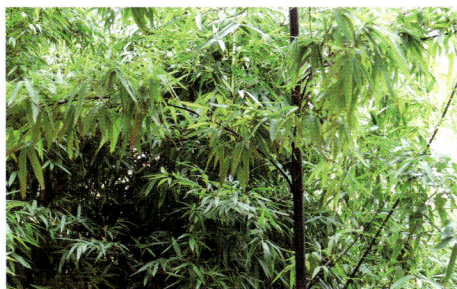

紫 竹

◎**学名**：*Phyllostachys nigra* (Lodd.)Munro
◎**别名**：乌竹　黑竹
◎**科属**：禾本科·竹亚科·刚竹属

形态：地下茎单轴型散生竹，秆高3~6 m。新秆淡绿色，密被细绒毛，有白粉，1年后渐变为棕紫色至紫黑色；秆节处箨环和秆环皆隆起，箨环下有白粉。每小枝2~3叶，叶片窄披针形，先端渐长尖，质薄，背面基部有细毛，边缘有小齿。笋期4月中下旬，笋壳红褐色，箨耳发达。

习性：中性，喜光，稍耐荫；抗寒性强，能耐–20℃低温；适应性较强，对土壤要求不高，但以疏松肥沃的微酸性土壤为好，忌积水，在瘠薄土壤上为丛生状。

分布：原产我国，主要分布于长江流域，现华北及以南地区多有栽培。

繁殖：常用移植母竹或埋鞭繁殖。

应用：紫竹秆紫叶绿，扶疏成林，别具特色，具较高观赏价值，自古至今广泛栽植于庭园之中。宜与其他观赏竹种配植或植于山石之间、园路两侧、池畔水边、书斋厅堂四周；亦可盆栽观赏。其秆材质坚韧，可作钓鱼竿、手杖等工艺品及制作箫、笛等乐器。

黄金间碧玉竹

◎**学名**：*Phyllostachys bambusoides* var. castilloni
◎**别名**：金明竹　绿槽刚竹
◎**科属**：禾本科·竹亚科·刚竹属

形态：桂竹的变种，比原种矮小，地下茎单轴散生，秆高 5~8m。秆与主枝呈金黄色，分枝一侧具绿色的纵槽或数条绿色纵纹。笋期 4~5 月；箨鞘淡黄绿色或淡紫色，疏生紫色细小斑点；箨耳发达，镰刀形，紫褐色；箨舌宽短，弧形，有波状齿，被细短白色纤毛。
同属栽培变种：
碧玉间黄金竹 *var.castilloni-inversa* 又名银明竹、黄槽刚竹，竹秆翠绿，在分枝一侧具黄色的纵槽或数条黄色纵纹。

习性：中性，喜光，稍耐荫；适应性强，耐寒，喜疏松肥沃而排水良好的土壤，不耐黏重土质；竹鞭浅根性，忌水淹。
分布：原产我国，分布于华北以南地区，尤以江苏、浙江最为常见。
繁殖：移栽母竹或埋鞭繁殖。
应用：黄金间碧玉竹和碧玉间黄金竹之秆黄绿相间，各具韵彩，观赏价值高。多群植于园中角落、水边池旁或植于山石之间，也可盆栽制作盆景。

碧玉间黄金竹　　黄金间碧玉竹

早园竹

◎**学名**：*Phyllostachys propinqua* McClure
◎**别名**：沙竹　桂竹
◎**科属**：禾本科·竹亚科·刚竹属

形态：地下茎单轴型散生竹，秆高 5~8 m。节间短而均匀，长约 20cm；新秆绿色，具白粉，老秆淡绿色，节下有白粉圈，箨环与秆环略隆起。箨鞘淡紫褐色；箨叶带状披针形，紫褐色，平直反曲。小枝具叶 2~3 片，带状披针形，叶背基部有毛。常规笋期 3 月中旬~4 月下旬，目前笋农科技创新，采用竹叶、谷壳、稻草等对竹林地覆盖加温，使出笋期提前至春节前后，经济效益很高。
习性：中性，喜光，稍耐荫；喜温暖湿润气候，抗寒性强，能耐短期的 –20℃ 低温；对土壤适应性较强，沙土、低洼地以及轻度盐碱地均能生长。
分布：主产于华东地区，现北京以南地区广泛栽培。
繁殖：主要采用移植母竹繁殖。
应用：早园竹秆高叶茂，生长强壮，抗寒性强，现为华北以南地区笋用与观赏的主要竹种。宜在庭院、公园内群植，绿化效果良好；笋味鲜美，可食用。

茶秆竹

◎学名：*Pseudosasa amabilis* (McClure)Keng f.

◎别名：青篱竹

◎科属：禾本科·竹亚科·茶秆竹属

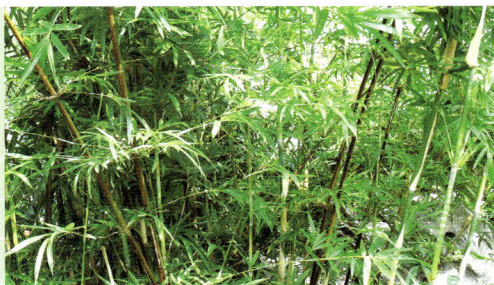

形态： 地下茎复轴型混生竹，秆高 3~6m。秆直，多分枝，枝叶浓密；秆圆筒形，光滑，竹壁较坚韧且有弹力。新秆淡绿色，有白粉，1 年后每节的半面渐变为茶褐色，且是每节交互色变的。笋期 3~4 月。

习性： 中性，喜光，稍耐荫；喜温暖湿润气候，耐寒性较差；对土壤要求不严，但喜酸性、肥沃和排水良好的砂壤土。

分布： 主产于广东、广西、湖南等省，现引种至江苏南京、宜兴，浙江杭州、宁波一带，生长尚佳。

繁殖： 以移植母竹为主，亦可埋兜、埋节繁殖。

应用： 茶秆竹枝叶浓密，老秆色变素雅，为园林中优良观赏竹种。宜植于庭园角隅、亭榭叠石之间；也可用于农村四旁绿化。因其秆不易干裂、虫蛀，材质优良，可作花园竹篱、温室花卉支柱等，笋味清苦可口，消炎解毒，是苦笋系列中之珍品，极具开发前景。

青皮竹

◎学名：*Bambusa textilis* McClure

◎别名：四季竹

◎科属：禾本科·竹亚科·箣竹属

形态： 地下茎合轴型丛生竹，秆高 4~8m。竿直立，节间甚长，竹壁薄。近基部数节无芽，出枝较高，基部附近数节不见出枝，分枝密集丛生达 10~12 枝。每小枝上叶片 8~15 枚，叶片披针形。箨环倾斜，箨鞘初有毛，后无之；箨耳小，长椭圆形，不甚相等，箨舌略呈弧形，箨叶窄三角形，直立。发笋期 5~9 月。竹秆形态与孝顺竹相似，最明显的区别在于青皮竹的竹节上方有一白色毛环。

习性： 中性，喜光，稍耐荫；喜温暖湿润、通风良好的环境，有一定的耐寒力；喜深厚肥沃、排水良好的土壤；萌蘖力强，生长速度快。

分布： 主产于华南及西南地区，现长江流域以南地区普遍栽培。

繁殖： 常以分植母竹为主，亦可埋兜、埋节繁殖。

应用： 青皮竹竹竿密集，枝稠叶茂，绿荫成趣，是长江流域至珠江流域主要的绿化竹种。宜栽植于房前屋后、草坪边或河岸旁；亦可配置于假山旁侧，竹石相映，素雅成趣。其竹秆通直，干后不易开裂，节平而疏，纤维坚韧，也为优质篾用竹种之一。

识别要点：竹节上方白色毛环

孝顺竹

◎学名：*Bambusa multiplex* (Lour.)Raeusch.
◎别名：慈孝竹　凤凰竹　蓬莱竹
◎科属：禾本科·竹亚科·簕竹属

形态： 地下茎合轴型丛生竹，秆高 3~6m。竹秆密集生长；节间圆柱形，绿色，老时变浅黄色。秆箨宽硬，箨叶直立；鞘硬而脆，背面草黄色，无毛，腹面平滑而有光泽。枝条多数簇生于一节，叶片线状披针形或披针形，顶端渐尖，叶表面深绿色，叶背粉白色，叶质薄。发笋期 6~9 月。

习性： 中性，喜光，稍耐荫；喜温暖湿润环境，但耐寒力较强；喜深厚肥沃、排水良好的土壤。

分布： 原产我国，主要分布于广东、广西、湖南及西南地区；山东青岛也有栽培，是丛生竹中分布最北缘的竹种。

繁殖： 常以移植母竹为主，亦可埋兜、埋节繁殖。

应用： 孝顺竹与青皮竹秆密丛生，枝叶四季青翠，姿态婆娑秀美，宜于宅院角隅、建筑物前、草坪或河岸边种植；若配置于假山旁侧，则竹石相映，素雅洁净，更富情趣。

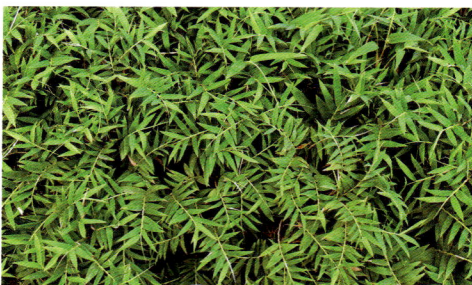

凤尾竹

◎学名：*Bambusa multiplex* cv. Fernleaf.R
◎科属：禾本科·竹亚科·簕竹属

形态： 为孝顺竹的栽培品种，丛生型小竹，秆高 1~3m。枝秆稠密，纤细而下弯；叶细小，长约 2~3cm，常 20 片左右排生于枝的两侧，似羽状。

习性： 中性，喜光，稍耐荫；喜温暖湿润气候，与孝顺竹相比，其耐寒性较差，在浙北地区露地栽植冬季叶片会出现枯萎现象；萌枝力强，耐修剪。

分布： 原产中国、日本及东南亚地区；我国华南、西南直至长江流域各地皆有栽培。

繁殖： 常以移植母竹为主，亦可埋兜、埋秆、埋节繁殖。

应用： 凤尾竹枝秆低矮稠密，枝叶纤细，姿态秀美，宜丛植于庭院宅旁、公园路边池旁，也可与假山、叠石配植；既可让其自然生长，也可修剪成球形或盆栽观赏。

佛肚竹

◎学名：*Bambusa ventricosa* McClure
◎别名：罗汉竹　密节竹
◎科属：禾本科·竹亚科·簕竹属

形态： 地下茎合轴型丛生竹，多为灌木状。秆二型，正常秆圆筒形，基部不膨大；畸形秆通常一面强曲，节间短缩而膨胀，形似佛肚，故而得名；中间型秆，稍弯曲，节间短棒状；秆幼时深绿色，稍被白粉，老秆橄榄黄色。枝疏生，主枝粗，稍弯曲，小枝具叶5~12枚，叶片卵状披针形，先端锐尖头，基部楔形，背面被柔毛。笋期5~6月。

习性： 中性，喜光，亦稍耐荫；喜温暖湿润气候，抗寒力较差，只能耐轻霜及极端0℃左右低温；喜肥沃湿润的酸性土，不耐干旱，稍耐水湿，氮肥不宜施用过多。

分布： 原产于我国华南地区，长江以南各地有栽培，北方地区则多盆栽。

繁殖： 常用分株或扦插法繁殖；移栽母竹，宜在11月或2~3月进行。

应用： 佛肚竹秆形奇特，古朴典雅，在园林中自成一景。适于庭院、公园、水滨等处种植，与假山、崖石等配置，更显优雅；也可盆栽或制作盆景观赏。

菲白竹

◎学名：*Sasa fortunei* (Van Houtte)Fiori
◎科属：禾本科·竹亚科·赤竹属

形态： 丛生状低矮地被竹，秆高30~50cm；每节秆具2至数分枝，节间无毛。叶片狭披针形，叶片底色绿色，间有白色或乳白色纵条纹，菲白竹即由此得名；叶鞘淡绿色，一侧边缘有明显纤毛，鞘口有数条白缘毛。笋期4~5月。
同属栽培种：
菲黄竹 *Sasa auricoma* E.G.Camus 丛生状低矮地被竹，新叶黄色，具绿色纵条纹，老叶渐变为绿色；其它特征与菲白竹相似。

习性： 中性，喜光，耐半荫，忌烈日暴晒；喜温暖湿润气候，抗寒力较差；要求向阳避风环境，喜肥沃疏松、排水良好的砂质土壤；地下茎萌发力强。

分布： 原产日本，现华东地区有露地栽培，北方地区则多盆栽。

繁殖： 采用分植母株的方法，兼用鞭蔸繁殖。

应用： 菲白竹和菲黄竹植株低矮，枝叶茂密，叶片秀美，在园林绿化中可用作彩叶地被、色块、绿篱或与假石相配，皆很合宜；也可盆栽或制作盆景，端庄秀丽，在案头、茶几上摆放一盆，别具雅趣，是观赏竹类中不可多得的珍贵品种。

菲白竹叶片

菲黄竹

箬 竹

◎**学名**：*Indocalamus tessellatus* (Munro) Keng f.

◎**别名**：箪竹

◎**科属**：禾本科·竹亚科·箬竹属

形态：丛生低矮地被竹型。秆高 1~2m，节间长约 20cm，圆筒形，一般为绿色。秆环较箨环略隆起，节下方有红棕色贴秆的毛环。箨鞘长于节间，上部宽松抱秆，无毛，下部紧密抱秆，具纵肋；箨耳无；箨舌厚膜质，截形，背部有棕色伏贴微毛；箨片大小多变化，窄披针形；小枝具 2~4 叶，叶片稍下弯，宽披针形或长圆状披针形，先端长尖，基部楔形，背面灰绿色，小横脉明显，形成方格状，叶缘生有细锯齿。出笋期 4~5 月。

习性：中性，喜光，稍耐荫；喜温暖湿润气候；喜深厚肥沃、排水良好的土壤。

分布：主要分布于长江中下游以南地区，生于海拔 1000~1300m 的山坡、溪流、河岸边。

繁殖：主要采用分株繁殖。

应用：箬竹除大量野生外，已进入人工丰产栽培，资源丰富，用途广泛。其叶大，可用作食品包装、斗笠、船篷衬垫等，还可用来加工制造箬竹酒、饲料、造纸及提取多糖等；其植株可用于园林绿化，常片植作常绿地被；其叶、笋及产品，药用价值高，对癌症具有防治功效。

叶片

片植

竹类的观赏特性与应用

竹子种类众多，习性各异，并且体量差异悬殊。高大者（如毛竹等）雄伟刚劲，早春拔地而起，夏初即可高达 15~20m，胸径 12~18cm；矮小者（如凤尾竹等）体态轻盈，高仅数尺，可以迎风起舞；细小者（如菲白竹、箬竹等）枝短叶茂，伏地而生，常用作地被或边缘栽植，却也郁郁葱葱，极富情趣。

竹类共性虽为秆青、叶绿、茎圆，但不同观赏竹的特色各异。有的叶片嵌有众多条纹，或黄、或白、或紫，而其疏密、宽狭、长短也都不相同，有的在绿色的叶缘镶以白边，较为美观；有的秆基奇特，节间短缩隆起，如佛肚、如念珠、如鹤膝、如人面、如龟甲……不一而足；有的秆壁增厚，秆腔极小，近于实心；有的茎秆出现棱脊，横切面呈现方形；茎秆色泽更是异彩纷呈，除常规的青绿色外，还有杏黄、粉绿、亮绿、紫斑、紫黑乃至镶玉、嵌金者，赏心悦目。

由于竹类繁殖方式的不同，有的新竹可以逐年向外扩张，从而迅速形成大片竹林，有的新竹仍与母体相依，成簇成丛，定植后位置稳定，易于控制。因此在园林配植时既可利用散生竹种进行片植或条植；也可利用不同体量，不同色彩的竹种，直接创造景点，增添庭园景色，供人游览；又可控制密度，巧借林外风光，构成夹景、漏景或框景。有时也可用作庭前屏障建筑，使建筑显而不露，似可见又不可见；而在某些无需让人观光的局部地段，还可酌情加密，以便分隔空间，遮拦视线；以及挡风避寒，消声滞尘，净化空气，吸收有害气体。

竹子可在室前屋后、荒山坡地或境界边缘连片栽植，以造成幽静美好的环境。也宜在较小的局部范围内进行配植，在窗前、屋隅、天井、墙脚、粉墙之下、月洞门前、花窗内外、假山石旁稍加点缀，不仅可以增添景色，还可使人感受到虚心与贞节的情操。

盆栽竹子或由竹类制作的盆景，可以四季如春，潇洒别致，用以布置厅堂、馆所或陈设于几案之上，均具美化装饰作用。

12

水生植物

　　水生观赏植物是指生长于水中或沼泽地的具有观赏价值的植物。这些植物对水分的要求和依赖程度很大，具有其独特的形态结构和生物学习性。水生植物种类繁多，有的形态奇特，有的花朵艳丽、色彩斑斓，是公园、庭院水景绿化、美化的重要组成部分。

　　水生植物按照其生活方式与形态特征分为四大类型：

　　1. 挺水型水生植物（包括湿生和沼生）植株高大，直立挺拔，绝大多数有茎、叶之分；下部或基部沉入水中，根或地茎扎入泥中生长发育，上部植株挺出水面；开花时节花色艳丽。如荷花、再力花、千屈菜等。

　　2. 浮叶型水生植物　根状茎发达，无明显的地上茎或茎细弱不能直立，而它们的体内通常贮存有大量的气体，使叶片或植株能平衡地浮于水面上；开花时节花大色艳。如睡莲、王莲、芡实等。

　　3. 漂浮型水生植物　根茎不生于泥中，植株漂浮于水面之上，随水流、风浪四处漂泊，多数以观叶为主。如凤眼莲、田字萍、槐叶萍等。

　　4. 沉水型水生植物　根茎生于泥中，整个植株沉入水体之中，通气组织特别发达，利于在水中空气极度缺乏的环境中进行气体交换。叶多为狭长或丝状，植株的各部分均能吸收水中的养分，在水下弱光的条件下也能正常生长发育，但对水质有一定的要求。花小，花期短，以观叶为主。如海菜花、黑藻、小叶眼菜等。

荷 花

◎**学名**：*Nelumbo nucifera* Gaertn.

◎**别名**：莲花　藕　水芙蓉

◎**科属**：睡莲科·莲属

形态：为宿根挺水型草本植物；地下茎（藕）肥大有节，横生于淤泥中，节上生有不定根，并抽叶开花；藕与叶柄、花梗均具多个大小不一的孔道。叶大，盾状圆形，全缘，叶脉明显隆起；叶柄圆柱形，粗壮，密布倒生刚刺。花期 6~8 月，花单生，径 10~20cm；花色有红、粉红、白、黄等，具清香；雄蕊多数，雌蕊多数离生，隐藏于膨大的倒圆锥形花托内。果期 9~10 月，坚果（莲子）初为青绿色，熟时深蓝色。
荷花栽培品种很多，依据用途分为藕莲、子莲、花莲三大类。花莲则依据花瓣的多少、雌雄蕊瓣化程度及花色分类，常见的类型有：单瓣型、复瓣型、千层型、佛座型、重台型、多花型等。

习性：阳性，喜光，不耐荫；喜热，耐高温，亦耐寒，在强光下生长发育快，开花早；喜相对稳定、水深不超过 1m 的静水，水深 1.5m 时不能开花；生长季节失水，若泥土湿润，虽不会死亡，但生长减慢；若继续干旱，则会导致死亡。

分布：原产我国，南北各地均有栽培，为我国应用最广泛的水生植物。

繁殖：一般采用分藕繁殖，将有顶芽的子藕平栽于塘泥中；也可播种繁殖，春秋季均可。

应用：荷花叶大形美，花大色丽，清香远溢，赏心悦目，为我国十大名花之一。广泛用于水池、湖面的景观布置，常在水体的浅水处作片状栽植；也可布置小庭院、阳台以及供插花美化居室。其地下茎（藕）可作蔬菜食用，莲子是营养丰富的滋补食品。

果托

种子

地下茎（藕）

睡 莲

◎**学名**：*Nymphaea tetragona* Georgi

◎**别名**：水百合　子午莲

◎**科属**：睡莲科·睡莲属

形态：为宿根浮叶型草本植物；根状茎粗短，具黑色细花，横生于淤泥中。叶丛生，卵圆形，全缘，具细长叶柄，浮于水面；叶面深绿色，有光泽。花期5~7月，花单生于细长的花梗顶端，浮于或高于水面；花瓣多数，花色有红、粉红、黄、白、蓝等，白天开放，夜间闭合。果期9~10月，聚合果球形，种子多数，椭圆形，黑色。

习性：阳性，喜光，不耐荫；喜温暖湿润气候，亦耐寒；喜阳光充足和通风良好的环境，在蔽荫之处长势较弱，不易开花；对土壤要求不严，但喜富含有机质的黏土；植株正常生长水深为20~40cm。

分布：原产于美洲和亚洲东部，我国各地多有栽培。

繁殖：通常采用分株繁殖，将有根芽的根茎栽种于泥土中；也可播种繁殖，在3~4月进行。

应用：睡莲叶浮水面，圆润青翠，花色丰富，绚丽多彩，为花叶俱美的水生观赏植物。适宜于布置水景园或盆栽观赏，亦可剪取花枝用于插花；全株可入药，根状茎、种子含淀粉，可供食用或酿酒。

地下根状茎

王 莲

◎学名：*Victoria amazonica* (Poepp.) Sowerby

◎别名：亚马逊王莲

◎科属：睡莲科·王莲属

形态： 特大型多年生浮叶型草本植物。根状茎直立，具发达的不定根，白色。成年叶圆而大，直径达 1~2m；叶缘直立，整个叶片形似一巨盘，上面绿色，下面紫褐色，叶脉在下面隆起。花两性，形似睡莲，单生，花瓣多数，倒卵形，夜开晨合，香气极浓；每朵花只开两天，初开为白色，次日变为淡红色；雄蕊多数；花柄、萼片均具锐刺；子房沉入水中结实。花果期 7~9 月；浆果扁球形，种子黑褐色，似豌豆。

习性： 阳性，喜阳光充足及高温高湿的环境，不耐寒；对水温要求苛刻，必须在 20~30℃，低于 10℃ 则枯萎死亡。喜静水或微流水的池塘、河沟及富含有机质的塘泥土。

分布： 原产南美洲热带水域，现浙江南部及以南地区有引种栽培。

繁殖： 常用播种繁殖；种子需水藏，生命力可达 3 年。

应用： 王莲以巨大的盘叶和美丽浓香的花朵而著称。观叶期 150 天，观花期 90 天，是我国南方现代园林大型水景中必不可少的观赏植物，家庭小型水池也同样可以配植观赏。

凤眼莲

◎学名：*Eichhornia crassipes* (Mart.) Solms.

◎别名：水浮莲　水葫芦　凤眼蓝

◎科属：雨久花科·凤眼莲属

形态： 多年生漂浮型草本植物。须根发达，悬垂水中；茎极短，具匍匐枝。叶直立，丛生在短缩茎的顶端，卵形至肾圆形，叶柄中下部膨大成葫芦状的气囊。花茎单生，穗状花序，有花 6~12 朵；花瓣 6 枚，蓝紫色，上面的花瓣较大，在花瓣的中心有一明显的鲜黄点，形如凤眼，故而得名。花果期 7~9 月，蒴果卵形，种子有棱，在水中成熟。

习性： 阳性，喜阳光充足、暖热湿润的环境，不耐寒冷；适生于肥沃的泥沼地、稻田或水塘中，繁殖迅速，能随水漂流而广为传播。

分布： 原产南美洲热带及亚热带地区，现长江以南水域多有栽培。

繁殖： 常用分株繁殖，在 6~7 月份只要将芽株投入水中即能生根蔓生。

应用： 凤眼莲叶柄奇特，叶色亮绿，花色素雅，且适应性极强，管理粗放，又有很强的净化污水能力。在园林中常用来绿化水面、净化污水或点缀水景，家庭水池、阳台盆栽也别有特色；花序可作切花，全株可供药用。

凤眼莲（水葫芦）

梭鱼草

◎**学名：** *Pontederia cordata* Linn.
◎**别名：** 北美梭鱼草　海寿花
◎**科属：** 雨久花科·梭鱼草属

海寿花

形态： 多年生挺水型水生或湿生草本植物，叶柄绿色，圆筒形，叶片较大，长可达 25cm，宽可达 15cm，深绿色，叶形多变。大部分为倒卵状披针形，长约 10~20cm。上方两花瓣各有两个黄绿色斑点，花葶直立，通常高出叶面。

习性： 喜温、喜阳、喜肥、喜湿、怕风不耐寒，静水及水流缓慢的水域中均可生长，适宜在 20cm 以下的浅水中生长，适温 15℃~30℃，越冬温度不宜低于 5℃，梭鱼草生长迅速，繁殖能力强，条件适宜的前提下，可在短时间内覆盖大片水域。

分布： 原产北美，现我国华东地区广为栽培。

繁殖： 播种繁殖或分株繁殖。

应用： 梭鱼草叶色翠绿，花色迷人，花期较长，可用于家庭盆栽、池栽，也可广泛用于园林美化，栽植于河道两侧、池塘四周、人工湿地，与千屈菜、花叶芦竹、水葱、再力花等相间种植，每到花开时节，串串紫花在片片绿叶的映衬下，别有一番情趣。

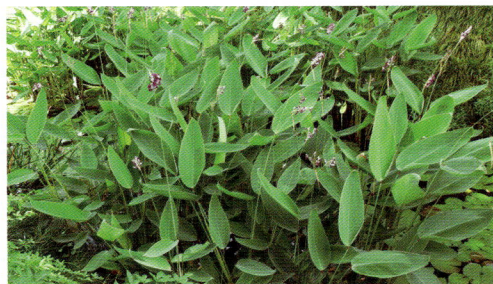

再力花

◎**学名：** *Thalia dealbata* Linn.
◎**别名：** 水竹芋　水莲蕉　塔利亚
◎**科属：** 竹芋科·再力花属

形态： 多年生挺水型草本植物，株高 1~2m。叶大，卵状披针形，叶色青绿，边缘紫色。复总状花序，花小多数，花瓣紫堇色，花期 6~9 月。全株附有白粉。

习性： 阳性，喜阳光充足、温暖湿润的气候环境，不耐寒；入冬后地上部分逐渐枯死，以根茎在泥土中越冬；在微碱性的土壤中生长良好。

分布： 原产于美国南部和墨西哥热带地区。

繁殖： 采用根茎分株繁殖。

应用： 再力花植株高大美观，叶大形似芭蕉叶，叶色翠绿可爱，花序高出叶面，亭亭玉立，蓝紫色的花朵素雅别致，是水景绿化的上品花卉，有"水上天堂鸟"之美誉。除供观赏外，还有净化水质的作用，常成片种植于湖泊、溪流、水渠浅水处或湿地，形成独特的水体景观，也可盆栽观赏或种植于庭院水体景观中。

花朵

千屈菜

◎学名：*Lythrum salicaria* Linn.
◎别名：水柳
◎科属：千屈菜科·千屈菜属

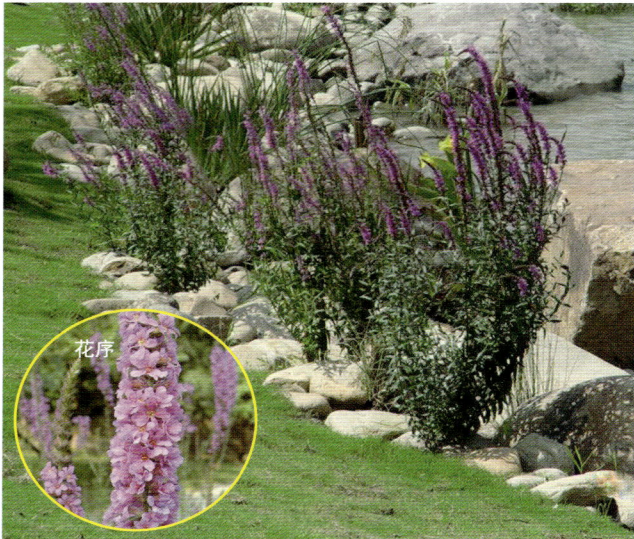

形态： 多年生挺水型草本植物，株高1m左右。根茎粗壮，横卧于地下；茎四棱形，直立多分枝。叶对生或三叶轮生，披针形，全缘，无柄。聚伞花序簇生，因花梗短，整个花枝形似一大型穗状花序；小花多而密，花萼长筒状，花瓣6枚，紫红色，花期6~9月。

习性： 阳性，喜光，喜温暖湿润、通风良好的环境；在肥沃、疏松的土壤中生长良好，耐盐碱；自然种生长于沼泽地、沟渠边或滩涂上。

分布： 原产亚洲热带地区，现我国各地广泛栽培。

繁殖： 以分株为主，也可播种或扦插繁殖。

应用： 千屈菜植株整齐清秀，花期长，色彩艳丽夺目，片植具有很强的渲染力，盆栽效果亦佳；在园林水景中，与荷花、睡莲等水生花卉配植极具烘托效果，也可丛植于池塘浅水处或点缀桥头、驳岸，是良好的水体造景植物。

花序

黄菖蒲

◎学名：*Iris pseudacorus* Linn.
◎别名：黄花鸢尾　水生鸢尾
◎科属：鸢尾科·鸢尾属

形态： 多年生宿根挺水或湿生草本植物，植株高大，根茎短粗。叶子茂密，基生，绿色，长剑形，长60~100cm，中肋明显，并具横向网状脉。花茎稍高出于叶，垂瓣上部长椭圆形，基部近等宽，具褐色斑纹或无，旗瓣淡黄色，花径8cm。蒴果长形，内有种子多数，种子褐色，有棱角。花期5~6月份。

同属栽培品种：

花菖蒲 *Iris ensata cv. Hortensis* 根状茎短粗，须根多，细条形，黄白色；叶基生，条形；平行脉，中脉明显突出。花期5~6月，花茎直立，高50~100cm，花色丰富，有红、白、紫、蓝等色，蒴果矩圆形；种子褐色，有棱。

习性： 中性，喜光耐半荫；适应性强，耐湿亦耐旱，砂壤土及黏土都能生长；生长适温15~30℃，温度降至10℃以下停止生长；冬季地上部分枯死，根茎地下越冬。

分布： 原产于南欧、西亚及北非，现世界各地都有引种栽培。

繁殖： 采用分株或播种繁殖。

应用： 黄菖蒲春季叶片青翠，似剑若带，4~5月黄花大而美丽，别具雅趣。可栽植于水湿洼地、池边湖畔、石间路旁，也可植于林荫树下作为地被植物，还可作切花材料或盆栽布置花坛。

花菖蒲

伞 草

◎学名：*Cyperus alternifolius* Linn.
◎别名：旱伞草　水棕竹　风车草
◎科属：莎草科·莎草属

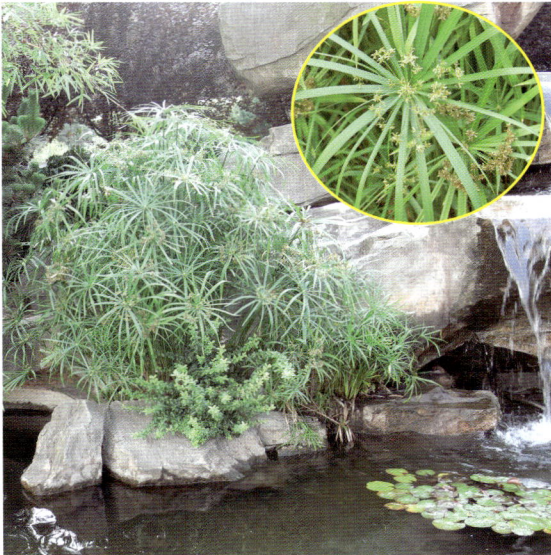

形态： 为多年生挺水型草本植物，株高 40~120cm，丛生。茎秆粗壮，三棱形，无分枝；叶退化成鞘状，包裹茎的基部；总苞片叶状，长而窄，约 20 枚，近于等长，成螺旋状排列于茎秆的顶部，向四面开展如伞状。7 月开花，花小，白色或黄褐色；9~10 月果实成熟，小坚果，倒卵形或扁三棱形。

习性： 中性，喜光，耐半荫；喜温暖、湿润气候，不耐寒，冬季低温地上部分枯死；对土壤的要求不严，但喜腐殖质丰富、保水力强的黏性土壤。

分布： 原产非洲的马达加斯加岛，现世界各地多有引种栽培。

繁殖： 常用分株繁殖，在 3~4 月进行；亦可利用顶生叶扦插繁殖。

应用： 伞草株形秀丽，观赏价值较高，适于水培与盆栽，是很好的室内观叶植物，也是制作盆景的好材料，置于案头、书桌、窗台，生机盎然。伞草在江南地区可露地栽培，适合于溪流岸边、假山石隙间作点缀。

水 葱

◎学名：*Scirpus validus* Vahl
◎别名：管子草　冲天草
◎科属：莎草科·藨草属

形态： 多年生挺水型草本植物；匍匐根状茎粗壮，地上茎直立，圆柱形，中空，高 1~2m，平滑，粉绿色；叶片细线形。聚伞花序顶生，稍下垂，花淡黄褐色，下具苞片。小坚果倒卵形，双凸状，少数三棱形，花果期 5~9 月。
常用同属栽培变种：
花叶水葱 *var.Zebrinus* 地上茎具横向浅黄色条纹。

习性： 中性，喜光，稍耐荫；喜水湿、凉爽、空气流畅的环境，在肥沃土壤中生长繁茂；宜生于湖边、池塘的浅水处或湿地中。

分布： 原产于朝鲜、日本及大洋洲，现国内各地多有引种栽培。

繁殖： 常用分株繁殖。

应用： 水葱和花叶水葱株形奇趣，秆丛挺立，色泽淡雅，富有特别的韵味。常用于水面绿化或作岸边池旁点缀，甚为美观；也可盆栽观赏。茎秆可作插花材料，亦可入药。

花序

花叶水葱

矮蒲苇

◎**学名**：*Cortaderia selloana var. pumila*
◎**科属**：禾本科·蒲苇属

形态： 蒲苇的变种，多年生宿根湿生草本植物，茎秆高2~3 m。丛生，高大粗壮，雌雄异株。叶多聚生于基部，叶片质硬、狭窄，长约1m，宽约2cm，下垂，边缘具细齿，呈灰绿色，被短毛。圆锥花序大，雌花穗银白色，具光泽，小穗轴节处密生绢丝状毛，小穗由2~3花组成；雄穗为宽塔形，疏弱；花期9~10月。

习性： 阳性，喜阳光充足、温暖湿润环境，亦耐寒；适应性强，不择土壤，既耐水湿，亦耐干旱。

分布： 原产于美洲，现我国南北各地均有栽培。

繁殖： 常用分株繁殖。

应用： 矮蒲苇花穗长而美丽，成片栽植壮观而雅致，具有优良的生态适应性和观赏价值。常用作湖边、河岸低湿处的背景材料，且具有固堤、护坡、控制杂草之作用；也可在花境观赏草专类园内使用，入秋观赏其银白色羽穗状圆锥花序；也可用作干切花。

花叶芦竹

◎**学名**：*Arundo donax var. versicolor* Stokes
◎**别名**：花叶荻芦苇
◎**科属**：禾本科·芦竹属

形态： 芦竹的变种，多年生宿根挺水型草本植物。根状茎粗壮，有间节似竹；秆直立，茎部粗壮近木质化，秆高2~3m。叶互生，排成二列，叶片线状披针形，宽阔、扁平、弯垂，具白色条纹，边缘粗糙。圆锥花序巨大，分枝紧密，长可达60cm，带绿色或带紫色；花果期9~12月，颖果细小黑色。

习性： 阳性，喜光，喜温暖湿润环境，亦较耐寒；适应性强，不择土壤，既耐水湿，亦耐旱，在盐碱地也能生长；在北方需保护越冬。

分布： 原产地中海一带，现长江流域以南各地广泛种植。

繁殖： 以分株繁殖为主，早春挖取带幼芽的根茎分段移栽；也可用播种、扦插繁殖。

应用： 花叶芦竹茎秆挺拔，叶片似竹，花白秀丽，是园林水景布置的良好材料。常成片植于河旁、湖边、池沼地，主要用于水景园背景材料，也可点缀于桥、亭、榭四周及驳岸、山石处，也可盆栽用于庭院观赏。

水　烛

◎学名：*Typha angustifolia* Linn.
◎别名：狭叶香蒲　蒲草　水蜡烛
◎科属：香蒲科·香蒲属

形态： 多年生挺水型草本植物，株高约2m。叶片扁平，狭长线形，中部以下腹面微凹，背面向下逐渐隆起，叶鞘有白色膜质边缘。穗状花序的雄花和雌花不相连，雄花序较长，雌花序圆柱形，红褐色，似蜡烛状。花期6~7月，果期8~9月。

习性： 阳性，喜阳光充足、温暖湿润的环境，生长适温15℃~35℃，不耐寒；10℃以上萌芽，5℃以下地上部枯萎；生长旺盛，适应性强，病虫害少；对土壤要求不高，有一定的抗污染能力；根茎萌发的新株，具较强的破土穿透力，短期内即能形成植株丛。

分布： 原产于我国，几乎遍布全国各地。

繁殖： 采用分株或根植法繁殖。

应用： 水烛适应性强，生长健壮，枝密葱郁，叶片修长，花序奇特可爱，适宜丛植于池塘边缘和河岸浅水处，作后景屏障，勾勒河沿岸线；蜡烛状花序充满夏日风情，常用作插花材料。

慈　姑

◎学名：*Sagittaria trifolia var. sinensis*
◎科属：泽泻科·慈姑属

形态： 多年生挺水型草本植物，高约1.2m。地下具根茎，先端形成球茎，表面附薄膜质鳞片，端部有较长的顶芽。叶片着生基部，出水成剑形，叶片箭头状，全缘，叶柄较长，中空；沉水叶多呈线状。花茎直立，多单生，上部着生轮生状圆锥花序，小花单性同株或杂性同株，白色，不易结实。花期7~9月。

习性： 具很强的适应性，在各种水面的浅水区均能生长，但要求光照充足、气候温和、背风的环境，喜生长于土壤肥沃、土层不太深的黏土上；风雨易造成叶茎折断、球茎生长受阻。

分布： 原产我国，南北各省均有栽培，并广布亚洲热带、亚热带带地区，欧美也有栽培。

繁殖： 采用球茎繁殖。

应用： 慈姑叶片宽大翠绿，叶形奇特，是优良的水生观叶植物。可片植于湖泊、溪流浅水处；球茎可作蔬菜食用。

叶片

花朵

花枝

狐尾藻

◎学名：*Myriophyllum verticillatum*
◎别名：绿凤尾　青狐尾　水聚藻
◎科属：小二仙草科·狐尾藻属

形态：多年生沉水或挺水草本。根状茎发达，在水底泥中蔓延，节部生根。茎圆柱形，长20~40cm，多分枝。叶通常4片轮生，或3~5片轮生；水中叶较长，长4~5cm，丝状全裂；裂片较宽。秋季于叶腋生出棍棒状冬芽而越冬。花单性，雌雄同株或杂性、单生于水上叶腋内，每轮具4朵花。花期6月。

习性：夏季生长旺盛，冬季生长慢，能耐低温，不耐旱。

分布：为世界广布种，我国南北各地池塘、河沟、沼泽中常有生长。

繁殖：常用分株繁殖。

应用：狐尾藻叶色翠绿，小巧精致，可片植于岸边浅水处，亦可用水族箱栽培观赏。对水体中磷的吸收能力较强，现多用于富营养化水体的生态修复。

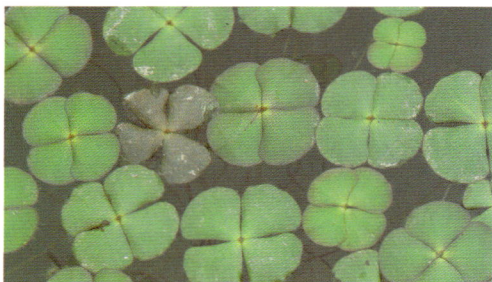

田字萍

◎学名：*Marsilea quadrifolia*
◎别名：四叶萍
◎科属：苹科·苹属

形态：根状茎匍匐细长，横走，分枝，顶端有淡棕色毛，茎节远离，向上出一叶或数叶。叶柄长20~30cm，叶由4片倒三角形的小叶组成，呈"十"字形，外缘半圆形，两侧截形，叶脉扇形分叉，网状，网眼狭长，无毛。

习性：喜生于水田、池塘或沼泽地中。幼年期沉水，成熟时浮水、挺水或陆生，在孢子果发育阶段需要挺水。传播体为孢子果，可在泥中靠水扩散。

分布：分布于我国长江以南各地，世界热带至温暖地区也有分布。

繁殖：常用分株繁殖。

应用：田字萍生长繁殖迅速，整体形态美观，可在水景园林浅水、沼泽地中成片种植。

13

草本植物

　　草本植物在形态和生长习性上与木本植物有很大的区别。草本植物没有木质部和形成层，不能逐年增粗，因而茎秆细弱，植株矮小，多为丛生灌木状或地被物。

　　在园林分类上，根据草本植物生长习性的不同，分为一二年生花卉、宿根花卉、球根花卉和草坪植物。本书又根据草本植物在冬季是否枯死、落叶或常绿以及目前园林栽培应用的实际情况，具体分为一二年生花卉、多年生宿根花卉、多年生球根花卉、多年生常绿草本以及多年生草坪草等五个类别。学名后面的定名人省略。

13.1 一二年生花卉

在本节一二年生花卉中，包括一年生花卉、二年生花卉和部分宿根花卉（在目前园林应用中常作为一二年生栽培应用）。

一年生花卉：是指在一个生长季内完成其全部生活史的花卉植物，即从播种到开花、结实、枯死均在一年内完成；一般在春天播种，夏秋开花结实，然后枯死；因此，一年生花卉也叫春播花卉。如万寿菊、鸡冠花、凤仙花、大花马齿苋等。在栽培过程中对土壤、水、肥的要求较严，养护管理精细。

二年生花卉：是指在两个生长季内完成其生活史的花卉植物，即当年只进行营养生长，越年后开花、结实、死亡。二年生花卉，一般在秋季播种，次年春夏开花，故常称之为秋播花卉。如金盏菊、三色堇、石竹、紫罗兰、羽衣甘蓝等。在栽培过程中，除了对水、肥要求严格外，有些耐寒性较差的品种，还需要有越冬保护措施。

金盏菊 *Calendula officinalis*

◎ 别名：黄金盏　长生菊　　◎ 科属：菊科·金盏花属
◎ 花期：12月~翌年5月　　◎ 花色：橙红、黄、浅黄

产地与习性：原产南欧及伊朗，一二年生花卉。中性，喜光，稍耐荫；适应性强，耐低温，忌夏季烈日高温；播种或扦插繁殖，耐移植。

万寿菊 *Tagetes erecta*

◎ 别名：臭芙蓉　蜂窝菊　　◎ 科属：菊科·万寿菊属
◎ 花期：5~10月　　◎ 花色：黄、橙、桔红、复色等

产地与习性：原产美洲墨西哥，一年生花卉。中性，喜光，稍耐荫；不耐寒冷，怕湿热；适应性强，对土壤要求不严，较耐旱。

孔雀草 *Tagetes patula*

◎ 别名：孔雀菊　小万寿菊　　◎ 科属：菊科·万寿菊属
◎ 花期：5~10月　　◎ 花色：黄、橙、棕红、复色

产地与习性：原产墨西哥，一年生花卉。中性，喜光，耐半荫；对土壤要求不严，耐移栽，栽培管理容易；撒落在地的种子可自生自长，适应性很强。

皇帝菊 *Melampodium paludosum*

◎别名：美兰菊　　◎科属：菊科·美兰菊属
◎花期：6~10月　　◎花色：黄色

产地与习性：原产于中美洲，一年生花卉。喜高温、高湿环境，不耐寒；对土壤要求不高，耐干旱贫瘠；生性强健，自播能力强。

百日菊 *Zinnia elegans*

◎别名：百日草　对叶菊　　◎科属：菊科·百日菊属
◎花期：6~9月　　◎花色：红、粉红、黄、橙、白

产地与习性：原产南北美洲，一年生直立花卉。中性，喜光，耐半荫；喜温暖，不耐寒；对土壤要求不严，耐干旱瘠薄；根深茎硬不易倒伏，忌连作。

南非万寿菊 *Osteospermum ecklonis*

◎别名：大芙蓉　　◎科属：菊科·蓝目菊属
◎花期：3~6月　　◎花色：白、粉、红、紫红、蓝、紫

产地与习性：原产于南非，目前国内应用的多是从国外引进的园艺品种，多年生宿根花卉作二年生栽培。阳性，喜光，能耐一定的低温，不耐高温，生长环境以湿润、通风为宜。

银叶菊 *Senecio cineraria*

◎别名：雪叶菊　　◎科属：菊科·千里光属
◎花期：6~9月　　◎花色：黄色

产地与习性：原产于欧洲南部，宿根花卉，常作一二年生栽培。中性，喜阳光充足、凉爽湿润的气候，较耐寒；在长江流域能露地越冬，不耐酷暑，高温高湿易死亡；宜疏松肥沃的沙质土壤或富含有机质的黏质土壤。

雏 菊 *Bellis perennis*

◎别名：春菊　延命草　◎科属：菊科·雏菊属
◎花期：3~5月　◎花色：红、粉红、浅粉、白色

产地与习性：原产西欧地中海沿岸，宿根花卉，常作二年生栽培应用。中性，喜阳光充足；性强健，较耐寒，喜凉爽，可耐-4℃低温，忌炎热；宜肥沃、富含腐殖质的土壤。

天人菊 *Gaillardia pulchella*

◎别名：虎皮菊　六月菊　◎科属：菊科·天人菊属
◎花期：6~10月　◎花色：紫红、红、粉红、黄

产地与习性：原产于北美洲，一年生花卉。中性，喜光，耐半荫；不耐寒，能耐夏季炎热与干旱；宜疏松肥沃、富含腐殖质的土壤；播种和扦插繁殖。

勋章菊 *Gazania splendens*

◎别名：功章菊　◎科属：菊科·勋章菊属
◎花期：4~6月　◎花色：红、粉、黄、白、复色

产地与习性：原产于非洲南部。宿根花卉，常作一二年生栽培。中性，喜光，喜温暖气候，耐寒性差；适应性较强，但以疏松、肥沃的土壤为宜，较耐干旱，不耐积水。

蛇目菊 *Coreopsis tinctoria*

◎别名：金钱菊　◎科属：菊科·金鸡菊属
◎花期：6~10月　◎花色：花瓣外围金黄色、中间褐红色

产地与习性：原产于美国中西部，一二年生花卉。中性，喜光，稍耐荫；适应性强，较耐寒；喜疏松肥沃、排水良好的中性砂质壤土。

白晶菊 *Chrysanthemum paludosum*

◎别名：小白菊　◎科属：菊科·菊属
◎花期：4~6月　◎花色：白色

产地与习性： 原产于北非、西班牙，二年生花卉。阳性，喜光，喜冷凉气候，不耐高温；喜疏松、肥沃、排水良好的砂质土壤。

黄晶菊

波斯菊 *Cosmos bipinnatus*

◎别名：秋英　大波斯菊　◎科属：菊科·秋英属
◎花期：5~11月　◎花色：粉色、白色、黄色、洋红色

产地与习性： 原产于墨西哥及南美其它地区，一年生花卉。阳性，喜光，不耐荫；能耐贫瘠土壤，但不耐积水；高温会影响正常开花和花朵的大小。

霍香蓟 *Ageratum conyzoides*

◎别名：胜红蓟　蓝翠球　◎科属：菊科·霍香蓟属
◎花期：5~11月　◎花色：白色、淡蓝色

产地与习性： 产于美洲热带地区，多年生宿根花卉作一二年生栽培。阳性，喜光，喜温暖的生长环境，不耐寒；对土壤要求不高，但以疏松、排水良好的土质为宜。

玛格丽特 *Chrysanthemum frutescens*

◎别名：木春菊　小牛眼菊　◎科属：菊科·菊属
◎花期：4~6月　◎花色：粉色、黄色、白色

产地与习性： 原产于澳洲、南欧，多年生宿根花卉作二年生栽培。喜光，喜凉爽、湿润的气候；不耐热，尤忌夏天的强烈日晒，须有遮荫；也不耐寒，冬季要注意保暖。

矮牵牛 *Petunia hybrida*

◎**别名**：碧冬茄　番薯花　　◎**科属**：茄科·碧冬茄属
◎**花期**：4~10月　　◎**花色**：紫红、红、粉红、蓝、乳白、杂色等

产地与习性：原产南美洲巴西南部，宿根花卉，常作一二年生栽培应用。阳性，喜光，喜温暖，不耐寒；适应性强，耐干旱瘠薄，忌积水；土壤过肥，则生长过旺致使枝条徒长倒伏。

蛾蝶花 *Schizanthus pinnatus*

◎**别名**：蛾蝶草　荠菜花　　◎**科属**：茄科·蛾蝶花属
◎**花期**：4~6月　　◎**花色**：紫红、粉、橙、蓝、复色

产地与习性：原产于南美智利，世界各地广泛栽培。二年生花卉；中性，喜光，喜温和凉爽气候，越冬需注意防寒；宜疏松、肥沃、排水良好的土壤。

花烟草 *Nicotiana sanderae*

◎**别名**：烟草花　烟仔花　　◎**科属**：茄科·烟草属
◎**花期**：6~9月　　◎**花色**：紫、紫红、外紫内白

产地与习性：原产于南美洲，宿根花卉，常作一二年生栽培。中性，喜光，喜温暖气候，耐寒性差；以疏松、肥沃、排水良好的土壤为宜；花期夏季，花有白天闭合、夜间开放之习性。

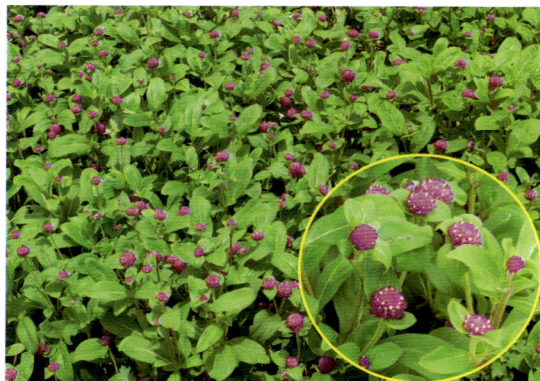

千日红 *Gomphrena globosa*

◎**别名**：火球花　杨梅花　　◎**科属**：苋科·千日红属
◎**花期**：7~10月　　◎**花色**：紫红、粉红、白

产地与习性：原产亚洲热带地区，一年生花卉，世界各地广为栽培。阳性，喜光照充足、温热、干燥的环境，不耐寒；要求疏松、肥沃的土壤，较耐干旱，不耐积水。

鸡冠花 *Celosia cristata*

◎别名：红鸡冠　　◎科属：苋科·青葙属
◎花期：6~10月　　◎花色：紫红、粉、橙、黄

产地与习性：原产于印度，一年生花卉，世界各地广泛栽培。阳性，喜光，喜炎热和空气干燥，不耐寒，遇霜冻即枯亡；宜疏松而肥沃的土壤，喜肥，不耐瘠薄。

凤尾鸡冠花 *Celosia cristata cv. Pyramidalis*

◎别名：笔鸡冠花　　◎科属：苋科·青葙属
◎花期：6~10月　　◎花色：紫红、红、橙、黄

产地与习性：原产于印度及亚热带地区，一年生花卉。阳性，喜光，喜炎热和干燥气候，不耐寒；宜疏松而肥沃的土壤，喜肥，不耐瘠薄。

夏　堇 *Torenia fournieri*

◎别名：蓝猪耳　花公草　　◎科属：玄参科·蝴蝶草属
◎花期：6~9月　　◎花色：蓝紫、粉红、白色

产地与习性：原产我国华南及东南亚，一二年生花卉。中性，喜光，喜温暖湿润环境，不耐寒；适应性较强，不畏炎热，以排水良好的中性或微碱性土壤为宜。

金鱼草 *Antirrhinum majus*

◎别名：龙头花　狮子花　洋彩雀　　◎科属：玄参科·金鱼草属
◎花期：5~6月　　◎花色：紫、红、粉、黄、橙、白

产地与习性：原产地中海沿岸及北非。宿根直立性花卉，常作一二年生栽培。中性，喜光，耐半荫；喜凉爽，较耐寒，不耐酷热；喜疏松肥沃、排水良好的壤土，稍耐石灰质土壤。

毛地黄 *Digitalis purpurea*

◎别名：洋地黄　德国金钟　◎科属：玄参科·毛地黄属
◎花期：5~7月　　　　◎花色：紫、红、粉、黄、白

产地与习性：原产于欧洲及亚洲西部，宿根直立性花卉，常作二年生栽培。中性，喜光，耐半荫；较耐寒，喜凉爽，忌炎热；土壤适应性强，耐干旱。

彩叶草 *Coleus blumei*

◎别名：五彩草　锦紫苏　◎科属：唇形花科·鞘蕊花属
◎观叶期与叶色：3~10月，紫红、桃红、黄绿、乳白、复色
◎花期与花色：7~9月，紫红、红、粉、杂色

产地与习性：原产于东南亚，宿根花卉，常作一二年生栽培。中性，喜光，稍耐荫，光线充足能使叶色鲜艳；喜温暖气候，冬季温度不低于10℃，夏季高温时稍加遮荫。

一串红 *Salvia splendens*

◎别名：西洋红　爆仗红　◎科属：唇形花科·鼠尾草属
◎花期：4~10月　　　◎花色：鲜红、绯红、紫、白等

产地与习性：原产于南美巴西，宿根花卉，常作一二年生栽培应用。中性，喜光，稍耐荫；喜温暖湿润的气候，不耐霜寒，生长适温20~25℃；其矮性品种，抗热性差，对高温阴雨特别敏感；喜疏松、肥沃、排水良好、中性至弱碱性土壤。

石竹 *Dianthus chinensis*

◎别名：中国石竹　洛阳石竹　◎科属：石竹科·石竹属
◎花期：5~7月　◎花色：紫红、红、粉、白、复色

产地与习性：原产于我国华北及长江流域，宿根花卉，常作一二年生栽培。阳性，喜光，喜凉爽、干燥气候，耐寒；喜排水良好、含石灰质的肥沃土壤，忌水涝。

三色堇 *Viola tricolor var. hortensis*

◎**别名：** 蝴蝶花　猫脸花　　◎**科属：** 堇菜科·堇菜属
◎**花期：** 3~6月　◎**花色：** 紫、红、橙、黄、蓝、白等

产地与习性： 原产于北欧，二年生花卉，园艺品种多。中性，耐半荫，耐寒，喜凉爽气候，畏夏季烈日高温；喜生长于疏松、肥沃、湿润而排水良好的砂质土壤中。

美女樱 *Verbena hybrida*

◎**别名：** 草五色梅　四季绣球　　◎**科属：** 马鞭草科·马鞭草属
◎**花期：** 4~11月　◎**花色：** 玫红、粉红、紫、蓝、复色

产地与习性： 原产于巴西、秘鲁、乌拉圭等地，现全国各地均有应用，多年生宿根花卉作一二年生栽培。阳性，喜光，不耐荫，较耐寒；喜疏松、肥沃的土壤，不耐旱；在炎热夏季能正常开花，但影响开花质量。

细叶美女樱

细叶美女樱

虞美人 *Papaver rhoeas*

◎**别名：** 丽春花　赛牡丹　　◎**科属：** 罂粟科·罂粟属
◎**花期：** 5~6月　◎**花色：** 鲜红、绯红、浅粉、白色等

产地与习性： 原产欧洲、亚洲及北美，一二年生花卉。阳性，喜阳光充足及通风良好的环境，耐寒；喜疏松肥沃、排水良好的砂质壤土；直根系，不耐移植。

欧洲报春 *Primula polyantha*

◎别名：西洋樱草　　　◎科属：报春花科·报春花属

◎花期：12月至翌年3月　　◎花色：紫红、粉红、黄、白、杂色等

产地与习性：原产欧洲，宿根花卉，常作一二年生栽培。阳性，喜阳光充足、温暖湿润的气候，不耐寒，适应性弱。

长春花 *Catharanthus roseus*

◎别名：四时春　日日新　雁来红　　◎科属：夹竹桃科·长春花属

◎花期：7~10月　　　　　　　　◎花色：蓝紫、粉红、白

产地与习性：原产亚洲南部、非洲东部，我国长江以南地区均有栽培。宿根花卉，常作一二年生栽培应用。中性，喜阳光充足、温暖湿润的环境；怕严寒，忌干热，夏季应充分灌水，且置略荫处开花较好。

凤仙花 *Impatiens balsamina*

◎别名：指甲花　小桃红　透骨草　◎科属：凤仙花科·凤仙花属

◎花期：6~9月　　◎花色：紫、红、粉、白、杂色

产地与习性：原产我国南部、印度、马来西亚，一年生花卉。阳性，喜光，耐热不耐寒；适生于疏松、肥沃、微酸性土壤，亦耐瘠薄；适应性强，撒落在地的种子可自生自长，移植易成活，生长迅速。

何氏凤仙花

四季秋海棠 *Begonia semperflorens*

◎别名：四季海棠　◎科属：秋海棠科·秋海棠属

◎花期：5~11月　　◎花色：红色、粉色、白色

产地与习性：原产于巴西，多年生宿根花卉作一二年生栽培。中性，喜光，稍耐荫；喜温暖，不耐寒；对土壤要求不高，但忌积水；夏季需要进行遮荫处理。因其花期较长，是目前园林中较受欢迎的花坛花卉品种之一。

醉蝶花 *Cleome spinosa*

◎别名：西洋白花菜 凤蝶草　　◎科属：山柑科·白花菜属
◎花期：6~10月　　◎花色：紫红、粉红、白

产地与习性：原产南美热带地区，一年生花卉。阳性，喜光，耐半荫；喜温暖湿润气候，稍耐高温与干旱，不耐寒；以疏松、肥沃土壤为宜；自播能力强。

金莲花 *Tropaeolum majus*

◎别名：旱金莲　旱荷花　　◎科属：金莲花科·旱金莲属
◎花期：6~9月　　◎花色：橙黄、橘红、乳白

产地与习性：原产于南美秘鲁、哥伦比亚，宿根蔓性花卉，常作一二年生栽培。中性，喜光，稍耐荫；喜温暖湿润气候，不耐寒；宜肥沃而排水良好的土壤。

羽扇豆 *Lupinus micranthus*

◎别名：鲁冰花　　◎科属：豆科·羽扇豆属
◎花期：5~6月　　◎花色：紫红、粉红、橙、蓝、白

产地与习性：原产于南美洲墨西哥，二年生花卉。中性，喜光，耐半荫；喜冷爽气候，忌炎热；要求酸性土壤，是酸性土的指示植物；直根性，难移植。

大花马齿苋 *Portulaca grandiflora*

◎别名：半枝莲　太阳花　　◎科属：马齿苋科·马齿苋属
◎花期：6~10月　　◎花色：紫、红、粉、橙、黄、复色

产地与习性：原产南美巴西、阿根廷，我国各地均有栽培，一年生肉质花卉。阳性，喜阳光充足、温暖、干燥的环境，在阴暗潮湿之处生长不良；见阳光花开，早、晚、阴天闭合，故而得名太阳花。

紫茉莉 *Mirabilis jalapa*

◎别名：夜顶红 地雷花　◎科属：紫茉莉科·紫茉莉属
◎花期：6~10月　　◎花色：紫红、桃红、黄、白

产地与习性：原产南美热带地区，宿根花卉，常作一年生栽培。中性，喜光，耐半荫；喜温和湿润的气候，不耐寒，在江南地区地下部分可安全越冬而成为宿根草本；要求土层深厚、疏松肥沃的壤土。

飞燕草 *Consolida ajacis*

◎别名：千鸟草 翠雀　◎科属：毛茛科·飞燕草属
◎花期：6~8月　◎花色：紫红、红、粉红、粉白、董蓝等

产地与习性：原产于欧洲南部，宿根花卉，常作一二年生栽培。阳性，喜阳光充足、通风良好的凉爽环境；性强健，耐寒，喜高燥，忌水涝；以肥沃且含有机质的砂质壤土为好。

风铃草 *Campanula medium*

◎别名：钟花 瓦筒花　◎科属：桔梗科·风铃草属
◎花期：5~6月　◎花色：紫红、红、粉红、蓝、白等

产地与习性：原产于欧洲南部，二年生花卉。中性，喜夏季凉爽、冬季温和的环境，越冬需防冻；以疏松、肥沃、排水良好的土壤为宜。

蓝花鼠尾草 *Salvia farinacea*

◎别名：一串兰　◎科属：唇形科·鼠尾草属
◎花期：5~10月　◎花色：蓝色

产地与习性：原产于北美南部，多年生宿根花卉作一二年生栽培。阳性，喜光，喜温暖湿润环境，不耐寒，不耐热，不耐干旱；喜疏松、肥沃且排水良好的砂质土壤。

紫罗兰 *Matthiola incana*

◎别名：草桂花 四桃克　　◎科属：十字花科·紫罗兰属
◎花期：4~6月　　◎花色：紫红、淡紫、桃红、奶白

产地与习性：原产欧洲地中海沿岸，二年生花卉。中性，喜光，稍耐荫；喜冷凉气候，冬季能耐-5℃低温，忌燥热，夏季高温易导致植株莲座化；要求深厚、肥沃、湿润及排水良好之土壤。

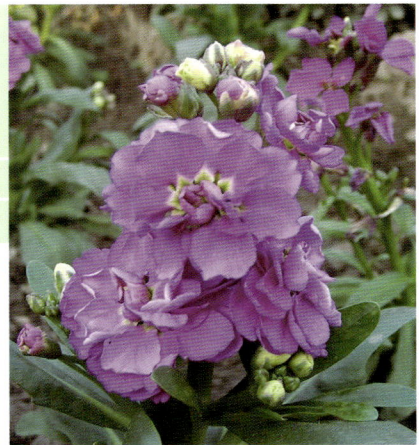

羽衣甘蓝 *Brassica oleracea var.acephala*

◎别名：花菜 叶牡丹　　◎科属：十字花科·芸苔属
◎观叶期与叶色：12月~翌年3月，紫红、桃红、黄绿、乳白
◎花期与花色：4月抽苔开花，金黄、黄、橙黄

产地与习性：原产北欧西南部，二年生花卉，以观叶为主。阳性，喜阳光充足、凉爽的环境，耐寒；宜疏松肥沃、排水良好的土壤，极喜肥。

紫叶甜菜 *Beta vulgaris var. cicla*

◎别名：紫叶厚皮菜　　◎科属：藜科·甜菜属
◎观叶期与叶色：12月~翌年10月，紫红、酱红

产地与习性：原产于欧洲，我国长江流域地区栽培广泛。宿根花卉，常作二年生栽培，以观叶为主。中性，喜光，稍耐荫，阳光充足能使叶色鲜艳，夏季高温时稍加遮荫；适应性强，对土壤要求不严。

红绿草 *Alternanthera bettzickiana*

◎别名：五色苋 模样苋 锦绣苋　　◎科属：苋科·莲子草属
◎观叶期：全年　　◎叶色：紫红、棕红、绿、青绿

产地与习性：原产于南美洲巴西。宿根草本，常作一二年生栽培，以观叶为主。中性，喜光，略耐荫；喜温暖湿润，不耐酷热及寒冷；不耐干旱与水涝，生长期需保持水分充足。

13.2　多年生宿根花卉

多年生宿根花卉，是指植株地上部分冬季枯死，地下部分宿存越冬，翌年仍能萌蘖开花并延续多年，其地下部分并不形成肥大的球状或块状根（茎）的开花植物。

宿根花卉具有多年存活的地下部分（较发达的根系）。多数种类具有不同粗壮程度的主根、侧根和须根。主根、侧根可存活多年，由地下芽或地面芽每年萌发形成新的地上部分并开花、结实，如芍药、玉簪、飞燕草等。也有不少种类其地下部分能继续横向延伸形成根状茎，其上的生长点每年移动，如鸢尾、荷包牡丹、肥皂草等。

宿根花卉在其生活周期中，若遇到低温、高温、干燥或湿热等不利环境条件，植株地上部干枯，地下部分以休眠状态越冬或以半休眠状态越夏，至次年春或秋凉或雨季等有利于重新生长的环境时，又开始萌芽、生长和开花。

菊　花 *Dendranthema morifolium*

◎别名：秋菊　黄花　节花　◎科属：菊科·菊属
◎花期：9~11月　◎花色：紫红、红、粉、黄、橙、白、复色

产地与习性：原产我国，是我国传统十大名花之一，现世界各地普遍栽培。中性，喜光，稍耐荫，夏季需遮烈日照射；耐寒，喜凉爽的气候，宿根能耐-30℃的低温；要求疏松、肥沃、排水良好的沙质壤土，忌连作，忌水涝。

芍　药 *Paeonia lactiflora*

◎别名：殿春　将离　◎科属：芍药科·芍药属
◎花期：5~6月　◎花色：紫红、粉红、黄、白

产地与习性：原产于中国北部、日本及西伯利亚。中性，喜光，稍耐荫；极耐寒，忌夏季湿热；宜湿润及排水良好的壤土或砂壤土，耐干旱，忌盐碱地和低洼地。以分株繁殖为主，应在秋季进行，切忌春季分株。

鸢 尾 *Iris tectorum*

◎**别名：** 蓝蝴蝶　扁竹叶　　◎**科属：** 鸢尾科·鸢尾属
◎**花期：** 4~5月　　　　　　◎**花色：** 蓝紫、蓝、浅蓝

产地与习性： 原产我国中部及西南地区，缅甸、日本亦有分布。中性，喜光，亦耐荫；性强健，耐寒，耐干燥；不择土壤，在湿润的弱碱性壤土中生长良好。

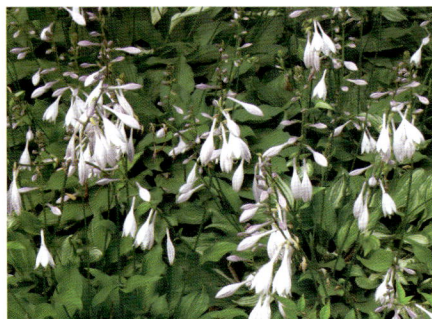

玉 簪 *Hosta plantaginea*

◎**别名：** 紫萼　玉春棒　　◎**科属：** 百合科·玉簪属
◎**花期：** 5~6月　　　　　◎**花色：** 淡紫、乳白

产地与习性： 原产于我国长江流域以南地区。中性，喜光，耐半荫，忌阳光直射；性强健，耐寒，不择土壤，但以肥沃湿润、排水良好的土壤生长茂盛。

花叶玉簪

从宿根上长出的新芽

花苞

萱 草 *Hemerocallis fulva*

◎**别名：** 忘忧草　　◎**科属：** 百合科·萱草属
◎**花期：** 6~8月　　◎**花色：** 橙、黄

产地与习性： 原产我国南部地区。中性，喜光，耐半荫；性强健，耐寒，耐干旱，不择土壤；在深厚、肥沃、湿润、排水好的砂质土壤上生长良好。

松果菊 *Echinacea purpurea*

◎**别名**：紫松果菊　紫锥花　　◎**科属**：菊科·紫锥花属
◎**花期**：6~7月　　　　　　◎**花色**：铜黄、浅褐、紫红、淡粉

产地与习性：原产于北美洲,多年生宿根花卉。中性，喜光，稍耐荫；喜温暖气候，亦耐寒；宜深厚肥沃、富含腐殖质的土壤。

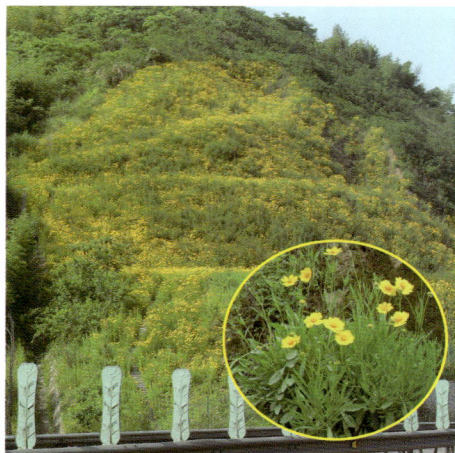

大花金鸡菊 *Coreopsis grandiflora*

◎**别名**：箭叶波斯菊　◎**科属**：菊科·金鸡菊属
◎**花期**：5~7月　　　◎**花色**：金黄色

产地与习性：原产于北美洲,多年生宿根花卉。阳性，喜光，耐寒；适应性强，对土壤要求不严，耐干旱瘠薄；根部易萌蘖，有自播繁衍能力。

荷兰菊 *Aster novi-belgii*

◎**别名**：柳叶菊　紫菀　　◎**科属**：菊科·紫菀属
◎**花期**：8~10月　　　　◎**花色**：紫红、淡蓝、浅粉、白色

产地与习性：原产于西欧、北美，多年生宿根花卉。阳性，喜阳光充足和通风良好的环境；适应性强，耐寒，对土壤要求不严，但以疏松、肥沃的砂质壤土为宜。

金光菊 *Rudbeckia laciniata*

◎**别名**：金花菊　黑眼菊　　◎**科属**：菊科·金光菊属
◎**花期**：5~11月　　　　　◎**花色**：黄色

产地与习性：原产于北美洲，多年生宿根花卉。阳性，喜光，能耐夏季高温和干旱，但不耐水湿，适生于排水良好的沙质土壤；可以播种和分株繁殖。

宿根福禄考 *Phlox paniculata*

◎ **别名**：天蓝绣球　锥花福禄考　◎ **科属**：花葱科·天蓝绣球属
◎ **花期**：6~9月　　　　　　　　◎ **花色**：紫、红、粉、白、复色

产地与习性：原产于北美，世界各地均有栽培。阳性，喜光，不耐庇荫；耐寒，喜冷凉气候，忌夏季炎热多雨；宜肥沃、深厚的中性土壤，在强酸、强碱性土壤生长不良。

翠雀花 *Delphinium grandiflorum*

◎ **别名**：大花飞燕草　◎ **科属**：毛茛科·翠雀花属
◎ **花期**：5~7月　　　◎ **花色**：蓝、浅蓝、淡紫

产地与习性：原产于我国东北、内蒙古及西伯利亚。中性，喜光，耐半荫；耐寒，耐旱，喜冷凉气候，忌夏季炎热多雨；宜生长于富含有机质的黏质土壤。

美丽月见草 *Oenothera speciosa*

◎ **别名**：红月见草　◎ **科属**：柳叶菜科·月见草属
◎ **花期**：6~9月　　◎ **花色**：白色转粉红色

产地与习性：原产于南美智利、阿根廷，宿根花卉，常作一二年生栽培应用。阳性，喜光，稍耐寒；适应性强，对土壤要求不严，耐干旱贫瘠，忌积水；在我国中南部可露地越冬。

射　干 *Belamcanda chinensis*

◎ **别名**：蝶花　凤翼　野萱花　◎ **科属**：鸢尾科·射干属
◎ **花期**：7~9月　◎ **花色**：黄、橙、复色

产地与习性：原产中国、日本及朝鲜。中性，喜阳光与温暖气候，亦耐寒冷；对土壤要求不严，山坡旱地均能栽培，但以肥沃疏松、地势较高、排水良好的中性砂质壤土为宜，忌低洼地和盐碱地。

蜀 葵 *Althaea rosea*

◎别名：一丈红　熟季花　　◎科属：锦葵科·蜀葵属
◎花期：5~7月　　　　　　◎花色：紫红、粉红、粉白

产地与习性：原产于我国，现世界各地均有栽培，多年生宿根花卉。中性，喜光，耐半荫；耐寒，喜冷凉气候；宜肥沃、深厚的土壤，忌盐碱和水涝；具自播自繁习性，在疏荫环境下生长最强壮。

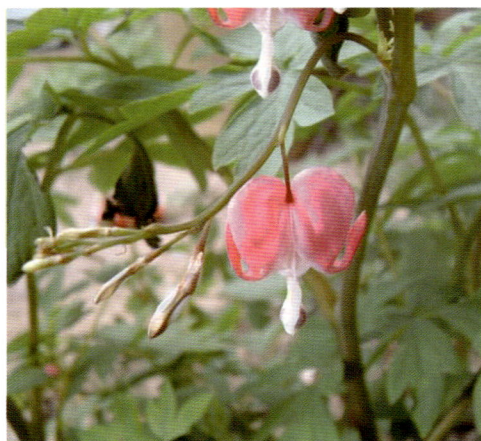

荷包牡丹 *Dicentra spectabilis*

◎别名：铃儿草　兔儿牡丹　　◎科属：罂粟科·荷包牡丹属
◎花期：5~6月　　　　　　　◎花色：粉红色、紫红色

产地与习性：原产于我国河北及东北各地，多年生宿根花卉。中性，生长期间喜侧方遮荫，忌阳光直射；耐寒，不耐高温；喜湿润，不耐干旱；宜栽于富含有机质的壤土，在沙土及黏土中生长不良。

羽叶薰衣草 *Lavandula pinnata*

◎别名：香草　灵香草　　◎科属：唇形科·薰衣草属
◎花期：5~11月　　　　　◎花色：蓝色、深紫色、粉红色、白色等

产地与习性：原产于地中海沿岸、加拿利岛，现世界各地广泛栽培，多年生宿根花卉。阳性，喜光，在荫蔽处生长不良；耐热亦耐寒，但忌长期高温高湿；耐贫瘠，能耐一定的盐碱。栽培过程中要注意水分与光照的控制。

紫绒鼠尾草 *Salvia officinalis*

◎别名：墨西哥鼠尾草　　◎科属：唇形科·鼠尾草属
◎花期：9~11月　　　　　◎花色：紫色

产地与习性：原产于中南美洲，现在我国广泛引种栽培，多年生宿根花卉。阳性，喜光，喜疏松、肥沃且排水良好的砂质土壤，但也能耐干旱贫瘠土壤。

马蹄金 *Dichondra repens*

◎别名：小金钱草 荷苞草　　◎科属：旋花科·马蹄金属
◎花期：4~5月　　◎花色：粉、白

产地与习性：原产于我国江南地区及台湾。中性，喜光，耐半荫；喜温暖湿润的环境，亦耐寒；喜生长于肥沃湿润的土壤，耐高温干旱，不耐碱性土壤；耐轻度践踏。

白花三叶草 *Trifolium repens*

◎别名：白车轴草　　◎科属：豆科·车轴草属
◎花期：4~5月　　◎花色：白色、奶白

产地与习性：原产于欧洲南部。中性，喜光，亦耐荫；适应性广，耐热，耐旱，耐寒，耐霜，耐践踏；喜排水良好的粉砂壤土或粘壤土，不耐盐碱。

紫露草 *Tradescantia reflexa*

◎别名：紫叶草　　◎科属：鸭趾草科·紫露草属
◎花期：5~10月　　◎花色：紫色

产地与习性：原产于墨西哥，多年生宿根花卉。中性，喜光，耐半荫，夏季要注意遮荫；喜温暖湿润气候，亦较耐寒；对土壤要求不高，但以疏松、肥沃的砂质壤土为宜；喜肥，以薄肥勤施为原则。

狼尾草 *Pennisetum alopecuroides*

◎别名：芮草　　◎科属：禾本科·狼尾草属
◎花期：9~11月　　◎花色：紫色、白色

产地与习性：分布于我国东北、华北及以南地区，多年生宿根草本植物。阳性，喜光，喜冷凉气候；喜肥沃、疏松的砂质壤土，但能耐干旱瘠薄，并对轻微盐碱性土有一定的适应性；生长强健，萌发力强，病虫害少。

13.3　多年生球根花卉

　　多年生球根花卉，是指地上部分冬季枯死，地下部分以肥大的球状或块状根宿存越冬的多年生草本花卉。根据其地下部分变态的不同，分为球茎类、鳞茎类、块茎类、根茎类、块根类。

　　球根花卉适用范围广泛，园林用途多样。低矮的植株如郁金香、风信子、矮大丽等，开花整齐，常用于花坛、花境；高大的植株如美人蕉、大丽花等常用于花丛、花群；有些品种花形优美，花色鲜艳，水养时间长，常作切花栽培，如唐菖蒲、晚香玉、百合、水生鸢尾等。另外，在粗放栽培条件下，常应用于自然栽植的园林地被植物，可多年使用而不必每年更新，或栽植于山石旁、水溪畔，或混植于草坪成缀花草坪，如石蒜、葡萄风信子等。

美人蕉 *Canna generalis*

◎别名：红艳蕉　兰蕉　◎科属：美人蕉科·美人蕉属
◎花期：6~10月　◎花色：红、粉、橙、黄

产地与习性：原产于美洲热带和印度，现我国各地普遍栽培应用。栽培品种很多，主要分为绿叶栽培变种和紫叶栽培变种两大类。中性，喜阳光充足、通风良好环境；喜高温炎热，不耐寒，遇霜即枯萎；喜肥沃、湿润的深厚土壤；在原产地无休眠性。

紫叶美人蕉

花叶美人蕉

芭蕉

芭　蕉 *Musa basjoo*

◎别名：巨叶蕉　◎科属：芭蕉科·芭蕉属
◎观叶期与叶色：3~11月；绿色　◎花期与花色：5~7月；浅黄

产地与习性：原产于印度及我国华南地区。球茎大，分生能力强，叶子大而宽。中性，喜光，耐半荫；喜温暖气候，耐寒力弱；适应性较强，生长速度快。

花蕾

丛植

果实

郁金香 *Tulipa gesneriana*

◎**别名：**洋荷花　草麝香　◎**科属：**百合科·郁金香属
◎**花期：**3~5月　◎**花色：**紫、红、粉、黄、橙、复色

产地与习性：原产于地中海沿岸及中亚地区。中性，喜光，稍耐荫；适应性强，极耐寒，能生长于夏季干热、冬季严寒的环境；在疏松肥沃、排水良好的微酸性砂质壤土中生长良好。

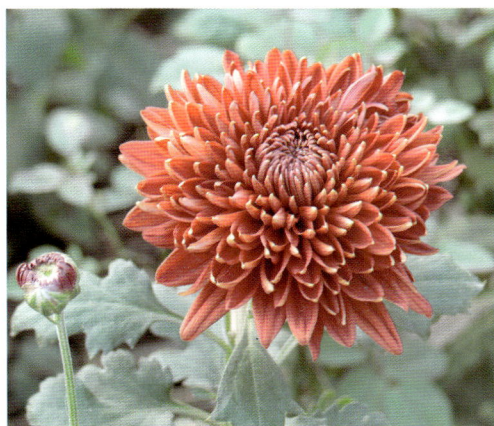

大丽菊 *Dahlia pinnata*

◎**别名：**大丽花　西番莲　◎**科属：**菊科·大丽花属
◎**花期：**6~10月　◎**花色：**红、粉、黄、橙、复色、白

产地与习性：原产于墨西哥。中性，喜光，稍耐荫；喜高燥、凉爽气候，要求阳光充足、通风良好，不耐寒，忌暑热；宜富含腐殖质、排水良好的砂质土壤，忌积水。

花毛茛 *Ranunculus asiaticus*

◎**别名：** 芹菜花 波斯毛茛 草本牡丹　◎**科属：** 毛茛科·毛茛属
◎**花期：** 5~7月　◎**花色：** 红、粉、黄、橙、白

产地与习性： 原产于欧洲东南部。中性，喜半荫环境，夏季忌酷热及阳光直射；喜凉爽、湿润，既怕干燥又忌水涝，宜种植于排水良好、肥沃疏松的中性或偏碱性土壤。

中国水仙 *Narcissus tazetta var.chinensis*

◎**别名：** 凌波仙子 天葱 雅蒜　◎**科属：** 石蒜科·水仙属
◎**花期：** 12月~翌年3月　◎**花色：** 外白内黄或桔红；浓香

产地与习性： 分布于我国东南沿海地区。性喜阳光充足、温暖湿润的生长环境，耐半荫，稍耐寒；宜栽植于富含腐殖质、湿润而排水良好的砂壤土中，也能在浅水中生长。春节前后常盆栽水培观赏，装点雅室，清香诱人，深受人们喜爱。

水仙球

朱顶红 *Hippeastrum rutilum*

◎**别名：** 百枝莲 柱顶红 孤挺花　◎**科属：** 石蒜科·朱顶红属
◎**花期：** 5~6月　◎**花色：** 红、粉、复色

产地与习性： 原产南美洲墨西哥、阿根廷，各国均广泛栽培。中性，喜光，稍耐荫；要求阳光充足、通风良好，喜高燥、凉爽气候，耐寒性差；宜生长于富含腐殖质、排水良好的砂质土壤，忌积水。

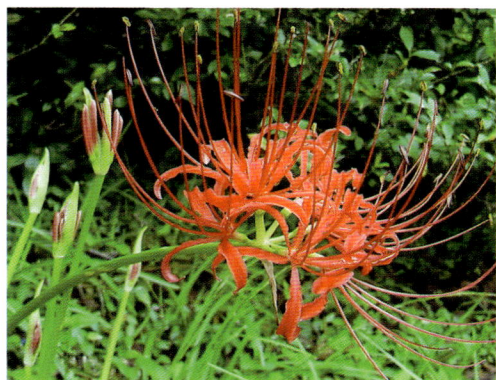

石　蒜 *Lycoris radiata*

◎别名：蟑螂花　老鸦蒜　　◎科属：石蒜科·石蒜属
◎花期：7~9月　　　　　　　◎花色：鲜红、粉红、黄、白

产地与习性：原产我国长江流域及西南地区，日本也有。阴性，喜半荫和湿润环境；适应性强、喜温暖，亦耐寒；土壤以疏松肥沃、排水良好的砂质或石灰质壤土为宜。

红花酢浆草 *Oxalis corymbosa*

◎别名：三叶草　夜合梅　大叶酢浆草　　◎科属：酢浆草科·酢浆草属
◎观叶期与叶色：3~11月；青绿色　　　　◎花期与花色：4~10月；红、紫红

产地与习性：原产于美洲。中性，喜光，耐半荫；喜温暖湿润的环境；较耐旱，忌积水；土壤适应性强，但宜生长于富含腐殖质、排水良好的土壤中。

红花酢浆草　　黄花酢浆草　　白花酢浆草　　　　　　　　红花酢浆草片植

紫叶酢浆草 *Oxalis triangularis*

◎别名：红叶酢浆草　三角叶酢浆草　　◎科属：酢浆草科·酢浆草属
◎观叶期与叶色：3~11月；紫红色　　　　◎花期与花色：4~10月；粉红

产地与习性：原产于南美洲巴西。中性，喜光，耐半荫；喜温暖湿润、通风良好的环境，亦较耐寒；宜生长于富含腐殖质、排水良好的砂质土壤，耐干旱；生长迅速，覆盖地面快。

13.4　多年生常绿草本

　　在宿根植物和球根植物中，有少数品种既是多年生又是四季常绿的，故而合称为多年生常绿草本植物。这类植物一次种植之后，不需要每年更新，可以多年受益；又因其冬季不落叶，观赏期长，景观效果好，因而园林应用甚广。

沿阶草 *Ophiopogon japonicus*

◎别名：麦冬草　书带草　　◎科属：百合科·沿阶草属

◎观叶期与叶色：全年；深绿色　　◎花期与花色：6~7月；蓝紫色

产地与习性：原产于我国华东地区，原为野生，现各地普遍栽培。阴性，喜温暖湿润、较荫蔽的环境；耐寒，忌强光和高温；适应性强，对土壤要求不严，既耐干旱又耐水湿。

银纹沿阶草　　矮麦冬

金边阔叶麦冬 *Liriope muscari cv. variegata*

◎别名：金边阔叶山麦冬　　◎科属：百合科·山麦冬属

◎观叶期与叶色：全年；叶边黄色　　◎花期与花色：6~7月；蓝紫色

产地与习性：原产于我国北方地区。中性，喜光，亦耐荫；适应性强，耐寒、耐热性均好；喜肥沃、湿润的土壤和半荫的环境，耐湿，耐旱。

吉祥草 *Reineckea carnea*

◎别名：观音草　玉带草　松寿兰　　◎科属：百合科·吉祥草属

◎观叶期与叶色：全年；深绿色　　◎花期与花色：6~7月；蓝紫色

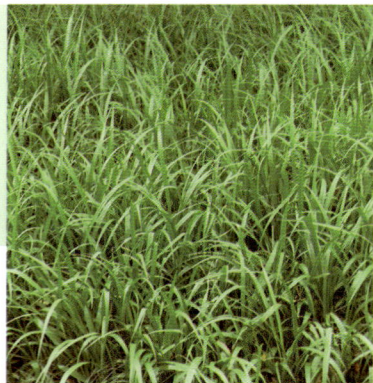

产地与习性：原产于我国江南及西南地区。阴性，忌阳光直射，极耐荫；喜温暖湿润的环境；耐寒性一般，在冬天可见叶边缘或尖部枯黄现象；对土壤要求不高，适应性强，但不耐干旱。

兰花三七 *Liriope cymbidiomorpha*

◎别名：异叶山麦冬　◎科属：百合科·山麦冬属
◎观叶期与叶色：全年；深绿色
◎花期与花色：6~8月；翠蓝色

产地与习性：原产于我国江南地区。中性，喜光，亦耐荫；适应性强，耐寒、耐热性均好，可生长于微碱性土壤；适宜作地被植物或盆栽观赏。

白　芨 *Bletilla striata*

◎别名：双肾草 紫兰　　　◎科属：兰科·白芨属
◎观叶期与叶色：全年；深绿色　◎花期与花色：4~6月；蓝紫、紫红

产地与习性：原产于我国西南地区及台湾。阴性，喜温暖、阴湿的环境；稍耐寒，在长江中下游地区能露地栽培；耐荫性强，忌强光直射，夏季高温干旱时叶片容易枯黄；宜排水良好、含腐殖质多的砂壤土。

佛甲草 *Sedum lineare*

◎别名：佛指甲 万年草　◎科属：景天科·佛甲草属
◎观叶期与叶色：全年；青绿色　◎花期与花色：5~7月

产地与习性：广布于华北以南广大地区，原野生于山坡或岩石上。属多浆植物，含水量高，其茎叶表皮的角质层具有超常的防止水分蒸发的特性；适应性极强，不择土壤，耐干旱，耐严寒；在长江以南地区栽种，四季葱郁，翠绿晶莹。

花枝

金叶佛甲草

葱 兰 *Zephyranthes candida*

◎别名：葱莲 玉帘 白花菖蒲莲　◎科属：石蒜科·葱莲属
◎观叶期与叶色：全年；深绿色
◎花期与花色：8~10月；白色

产地与习性：原产于南美洲。中性，喜光，稍耐荫；喜温暖湿润气候，亦较耐寒；适应性强，耐干旱瘠薄，但以肥沃、带黏性而排水良好的土壤为佳。

韭 兰 *Zephyranthes grandiflora*

◎别名：韭莲 风雨兰　◎科属：石蒜科·葱莲属
◎观叶期与叶色：全年；深绿色
◎花期与花色：8~10月；粉红、玫瑰红

产地与习性：原产于南美洲。中性，喜光，耐半荫和低湿环境；喜温暖湿润气候，亦较耐寒，在长江流域可保持常绿；以疏松肥沃、排水良好的土壤为宜。

亚 菊 *Ajania pallasiana*

◎别名：银边菊　◎科属：菊科·亚菊属
◎观叶期与叶色：全年；绿色
◎花期与花色：9~11月；金黄色小花

产地与习性：原产于我国新疆，丛生灌木型，叶缘银白色。阳性，喜阳光充足、高燥凉爽的环境；适应性强，抗热，亦较耐寒；对土壤要求不严，耐干旱瘠薄；不宜种植于林下或林缘。

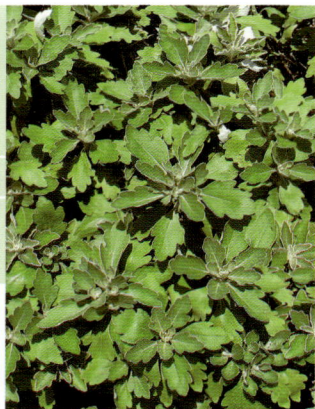

黄金菊 *Perennial chamomile*

◎别名：蓬蒿菊 罗马春黄菊　◎科属：菊科·菊属
◎观叶期与叶色：全年；深绿色
◎花期与花色：4~11月；金黄色

产地与习性：原产于南欧、俄罗斯、蒙古，多年生宿根花卉，基部半木质化。阳性，喜光，也耐半荫；对土壤要求不高，能适应一定的贫瘠土壤。

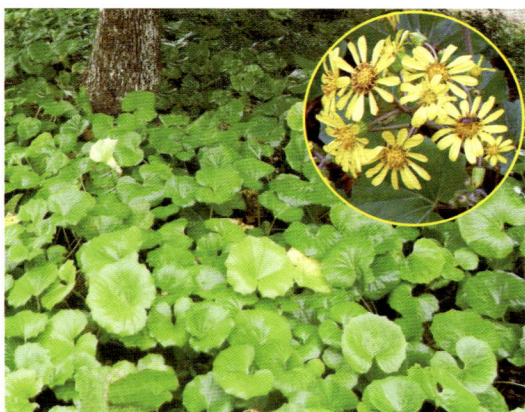

大吴风草 *Farfugium japonicum*

◎ **别名：**八角鸟 活血莲　◎ **科属：**菊科·大吴风草属
◎ **观叶期与叶色：**全年；绿色
◎ **花期与花色：**10月~翌年3月；黄色

产地与习性：原产于我国东部地区、日本及朝鲜。喜半荫，忌阳光直射；喜温暖、湿润的环境，亦较耐寒；适应性强，不择土壤，但以肥沃、疏松、排水良好的壤土为宜。

虎耳草 *Saxifraga stolonifera*

◎ **别名：**金线吊芙蓉 石荷叶　◎ **科属：**虎耳草科·虎耳草属
◎ **观叶期与叶色：**全年；绿底白纹　◎ **花期与花色：**5~8月；白色

产地与习性：原产中国、日本和朝鲜，多年生常绿草本。阴性，喜阴凉潮湿的生长环境；对土壤要求不高，耐贫瘠，能生长于枝繁叶茂的丛林之下。

紫鸭跖草 *Setcreasea purpurea*

◎ **别名：**紫露草 紫叶草　◎ **科属：**鸭跖草科·鸭跖草属
◎ **观叶期与叶色：**全年；紫红色
◎ **花期与花色：**6~10月；粉白

产地与习性：原产于中美洲墨西哥。中性，喜日照充足，亦耐半荫；性强健，耐寒，在华北地区可露地越冬；对土壤要求不严，耐干旱。

金丝苔草 *Carex himensis 'Evergold'*

◎ **别名：**金叶苔草　◎ **科属：**莎草科·苔草属
◎ **观叶期与叶色：**全年；叶边黄色
◎ **花期与花色：**3~4月；黄绿色

产地与习性：原产于墨西哥及南美其它地区，现广布于世界各地，多年生常绿草本，多为草甸植物。中性，喜光，耐半荫；适应性强，但不耐涝；对土壤要求不高，可适应一定贫瘠的土壤。

13.5　多年生草坪草

随着园林事业的发展和人们对园林艺术欣赏水平的提高，草坪和地被植物已成为现代园林建设中不可缺少的组成部分，在绿化和美化城市、保护和改善环境、创造娱乐和休息场所等方面发挥着重要而不可代替的作用。

一、草坪的概念

草坪与草地的含义不同，草坪是指由人工栽培的矮性禾本科或莎草科多年生草本植物组成，并加以养护管理而形成致密似毡的植物群体。而草地可以是人工栽培，也可以是自然生长的，但通常不施以人工修剪，任其自然发展的植物群体。从广义的概念上，草坪也属于地被植物的范畴。

二、草坪的分类

1. 依草坪的用途分类

（1）观赏性草坪——指以观赏为主要目的的草坪。多用于封闭的绿地，一般不允许游人进入活动。

（2）游憩性草坪——指供游人散步、游憩及户外活动用的草坪。通常是铺设在公园、广场、街道、工厂、学校、医院、机关和居民区绿地中。

（3）运动场草坪——指专供体育活动用的草坪，如足球场、高尔夫球场、棒球场等。

（4）飞机场草坪——指在飞机场铺设的草坪。用于飞机场的草坪植物要求耐干旱，耐磨，管理粗放。

（5）防护性草坪——主要指用于固土护坡、防止水土流失的草坪。多种植在水库堤坡、湖泊池岸、河岸斜坡、道路斜坡等处。这类草坪植物要求根系发达，扩展性和匍匐性好，管理粗放。

（6）疏林地草坪——指在森林公园、名胜游览区和旅游风景点内的稀疏乔木林下集中栽植的草坪。选用的草坪植物要求有一定的耐荫性和耐踏性。

（7）放牧性草坪——指森林公园或风景区中以放牧为主兼观赏的草坪。

2. 依草坪植物品种的组合分类

（1）单纯草坪——由一种草坪植物组成的草坪。这种草坪叶丛高矮、稠密度、叶色等都比较整齐美观，但养护管理要求精细，花费人工较多。

（2）混合草坪——由两种或两种以上草坪植物混合组成的草坪。这类草坪的优点是通过不同草坪植物特性的互补，能延长草坪的绿色观赏期，提高草坪的使用效率和功能。

（3）缀花草坪——指以禾本科草本植物为主，混播少量开花艳丽的其它多年生草本植物组成的草坪。常用的多年生开花草本植物有鸢尾、萱草、石蒜、葱兰、韭兰等。

三、草坪草的分类

草坪草分类是认识和利用草坪草种质资源的基础和指南，在实际应用中可利用形态地理分布或生长发育特点等方面进行分类。

1. 依形态特征分类

形态分类法指的是根据植物外部形态对草坪植物加以分类。在草坪植物中，绝大多数属于禾本科，也有极少数属于莎草科或其它科的。主要草坪植物的形态分类如下：

禾本科	画眉草亚科	狗牙根属、结缕草属、野牛草属
	黍亚科	蜈蚣草属、毯草属、钝叶草属、金须茅属、雀稗属、狼尾草属
	早熟禾亚科	羊茅属、早熟禾属、翦股颖属、黑麦草属
莎草科		苔草属、嵩草属

2. 依地理分布分类

（1）暖地型草坪草——通常分布于热带和亚热带地区，包括隶属于禾本科中的画眉草亚科和黍亚科的草坪草。

（2）冷地型草坪草——通常分布于温带、寒带以及亚热带、热带的高海拔地区，包括隶属于禾本科的早熟禾亚科和莎草科的草坪草。

结缕草 *Zoysia japonica*

◎**别名：** 大爬根 延地青　◎**科属：** 禾本科·画眉草亚科·结缕草属

产地与习性： 原产于中国、日本及朝鲜，在我国主要分布于东北、华北、华东地区。为多年生暖地型草坪草，具发达的根茎和匍匐茎。中性，喜光，耐半荫，耐热且非常耐寒；对土壤适应性强，耐旱、耐湿、耐盐碱；生长缓慢，耐修剪，耐践踏；冬季保绿期长。

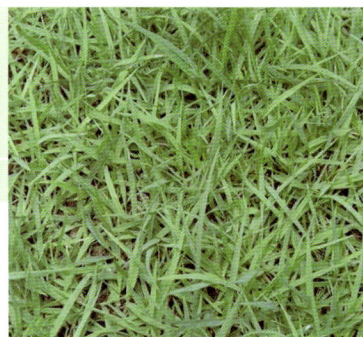

春色

冬色

马尼拉草 *Zoysia matrella*

◎**别名：** 沟叶结缕草 台湾草
◎**科属：** 禾本科·画眉草亚科·结缕草属

产地与习性： 原产于大洋洲热带和亚热带地区，我国首先引种于海南、广东、台湾省，现经驯化已广植于天津、青岛以南地区。为多年生暖地型草坪草，具发达的根茎，叶色比结缕草更为青绿。中性，喜光，耐半荫，耐热，稍耐寒；对土壤适应性强，抗干旱瘠薄，耐湿，耐盐；生长势与扩展性强，草层茂密，覆盖度大；耐修剪，耐践踏。

天鹅绒草 *Zoysia tenuifolia*

◎**别名：** 细叶结缕草 绒毡草
◎**科属：** 禾本科·画眉草亚科·结缕草属

产地与习性： 主要分布于日本、菲律宾，目前已在我国黄河流域以南地区广泛种植。喜温暖湿润气候，耐高温干旱，但耐寒性、耐荫性、耐践踏性较差。对土壤要求不严，以肥沃、中性或微碱性土壤为宜。由于其匍匐茎秆纤细，若不及时修剪与维护，草坪常出现垛状和枯草层，影响景观及其使用。

狗牙根 *Cynodon dactylon*

◎**别名：** 爬根草 拌根草
◎**科属：** 禾本科·画眉草亚科·狗牙根属

产地与习性： 世界广布草种，在我国主要分布于黄河流域以南地区。为多年生暖地型草坪草，具有根状茎和匍匐枝。阳性，喜光，忌荫蔽；耐热、耐旱性强，耐寒性中等；对土壤适应性强，耐盐碱；生长较快，十分耐修剪、耐践踏。

矮生百慕大 *Cynodon dactylon × C.transadlensis*

◎**别名：** 杂交狗牙根　天堂草　◎**科属：** 禾本科·画眉草亚科·狗牙根属

产地与习性： 为近年国外人工培育的杂交草种，多年生暖地型草坪草。具匍匐茎，节间短、细矮致密，贴地生长。阳性，喜光，不耐荫；耐寒、耐旱、病虫害少；生长势强，耐频繁割剪，践踏后易于复苏。绿色观赏期为280天；秋季松土播入黑麦草种子，冬季仍能保持绿色。

高羊茅 *Festuca arundinacea*

◎**别名：** 苇状羊茅　苇状狐茅
◎**科属：** 禾本科·早熟禾亚科·羊茅属

产地与习性： 主产于欧亚大陆及我国新疆和东北地区，目前园林应用品种均引自美欧等国。为多年生冷地型草坪草，中性，喜光，中等耐荫；喜温凉湿润气候，耐热，耐寒，耐瘠薄，抗病性强，耐践踏性中等。适宜于温暖湿润的中亚热带至中温带地区栽种，在长江流域可以保持四季常绿。

黑麦草 *Lolium perenne*

◎**别名：** 宿根黑麦草
◎**科属：** 禾本科·早熟禾亚科·黑麦草属

产地与习性： 原产于欧洲西南部、非洲北部及亚洲西南部。为多年生冷地型草坪草，中性，喜光，稍耐荫；喜温凉湿润气候，耐寒性较强；要求肥沃、排水良好的土壤，适宜于温暖湿润的中亚热带至中温带地区栽种。采用种子播种繁殖，南方秋播，北方春播；常用作混合草坪，也是暖地型草坪冬季复绿的主要草种。

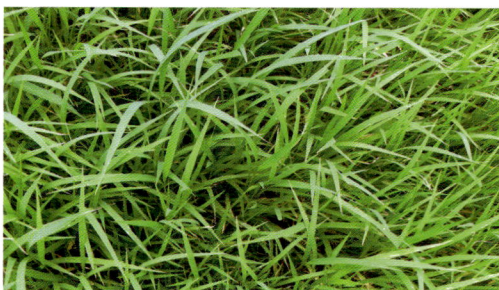

翦股颖 *Agrostis stolonifera*

◎**别名：** 匍匐翦股颖　四季青
◎**科属：** 禾本科·早熟禾亚科·翦股颖属

产地与习性： 原产于欧亚大陆温带及北美地区，我国华北、华东地区也有分布,目前园林应用品种主要从欧美进口。为多年生冷地型草坪草，中性，喜光，稍耐荫；喜温凉湿润气候，不耐干冷；要求肥沃、排水良好的微酸性土壤，不耐炎热和干旱，稍耐盐碱；再生力强，耐低剪，耐践踏性中等。采用种子播种或营养体繁殖，在亚热带至热带地区能保持四季常绿。

14

室内观叶植物

　　在园林植物中，有些南方植物叶形奇特，色彩纷呈，耐荫性强，且冬季不落叶，观赏期长，适宜于作观叶植物。但因其性喜温暖、湿润气候，所以耐寒性差，引种于浙江温州以北地区，冬季需在温室或居室内越冬；而夏季又需要遮荫，避免强光直射，并需经常叶面喷水，保持较高的湿度。本节简要介绍36种目前常用的产自国内或国外的叶形叶色各异的室内观叶植物。学名后面的定名人省略。

散尾葵 *Chrysalidocarpus lutescens*

◎**别名**：黄椰子　◎**科属**：棕榈科·散尾葵属

产地与习性：　原产于马达加斯加群岛。性喜温暖、湿润、半荫且通风良好的环境，畏烈日直射；适宜生长于疏松、排水良好、富含腐殖质的土壤；不耐寒，越冬最低温度要求在10℃以上。

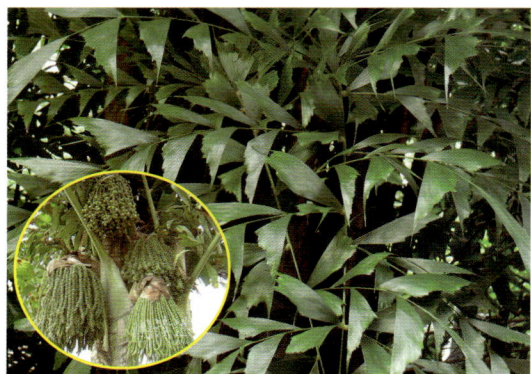

鱼尾葵 *Caryota ochlandra*

◎**别名**：假桃榔　◎**科属**：棕榈科·鱼尾葵属

产地与习性：原产于亚洲热带、亚热带及大洋洲。性喜温暖、湿润气候，茎干忌曝晒；较耐寒，能耐短期-4℃低温霜冻；要求疏松肥沃、排水良好的土壤，不耐干旱。

棕 竹 *Rhapis excelsa*

◎**别名**：观音竹 筋头竹　◎**科属**：棕榈科·棕竹属

产地与习性：　原产于我国华南地区。性喜温暖、湿润及通风良好的半荫环境，夏季避免强光照射；最佳适宜温度15~30℃，稍耐寒；要求疏松肥沃的酸性土壤，不耐瘠薄与盐碱。

南洋杉 *Araucaria cunninghamii*

◎**别名**：塔形南洋杉　◎**科属**：南洋杉科·南洋杉属

产地与习性：原产于澳洲。性喜气候温暖、光照柔和充足、空气清新湿润；夏季避免强光，冬季需要阳光充足；不耐寒，忌干旱；盆栽要求疏松湿润、腐殖质含量高、排水透气性好的培养土。

花叶榕 *Ficus benjamina 'Golden Princess'*

◎别名：斑叶垂榕　◎科属：桑科·榕属

产地与习性：原产于印度、马来西亚等亚洲热带地区。性喜温暖、湿度较大的环境，生长适温25~30℃，越冬温度不得低于5℃；夏季高温时节应遮荫，并经常浇水，保持盆土湿润；入冬后则应控制水分，盆土不宜过湿。扦插不易成活，常采用压条法繁殖。

橡皮树 *Ficus elastica*

◎别名：印度胶榕 红缅树　◎科属：桑科·榕属

产地与习性：原产印度及马来西亚等地。中性，喜光，但忌阳光直射；喜温暖湿润环境，适宜生长温度20~25℃，安全越冬温度5℃；喜疏松肥沃和排水良好的微酸性土壤，忌黏性土，不耐干旱瘠薄。

马拉巴栗 *Pachira macrocarpa*

◎别名：瓜栗 发财树　◎科属：木棉科·瓜栗属

产地与习性：原产于美洲热带地区。性喜高温高湿气候，耐寒力差，幼苗忌霜冻，成年树可耐轻霜；喜肥沃疏松、透气保水的微酸性土壤，忌碱性土或粘重土壤，稍耐干旱，亦较耐水湿。

绿　萝 *Epipremnum pinnatum cv. aureum*

◎别名：黄金葛　◎科属：天南星科·绿萝属

产地与习性：原产于南美热带雨林地区。性喜温暖、湿润气候，稍耐寒；对光照要求不严，稍耐荫；喜肥沃、疏松、排水好的土壤。

花叶绿萝

龟背竹 *Monstera deliciosa*

◎别名：蓬莱蕉　◎科属：天南星科·龟背竹属

产地与习性： 原产于南美墨西哥，性喜凉爽而湿润的气候条件，不耐寒，耐强荫。要求深厚和保水力强的腐殖土，怕干燥，耐水湿。

'绿宝石'喜林芋 *Philodendron imbe*

◎别名：喜林芋　长心形蔓绿绒　◎科属：天南星科·喜林芋属

产地与习性： 原产于南美洲巴西，攀援生长于树干和岩石上。性喜温暖湿润和半荫环境。生长适温为20~28℃，越冬温度为5℃。

羽裂喜林芋 *Philodendron selloum*

◎别名：羽裂蔓绿绒　春羽　◎科属：天南星科·喜林芋属

产地与习性： 原产于南美洲巴西。喜高温多湿环境，对光线的要求不严格，稍耐寒；喜光，稍耐荫，生长缓慢；喜肥沃、疏松、排水良好的微酸性土壤。

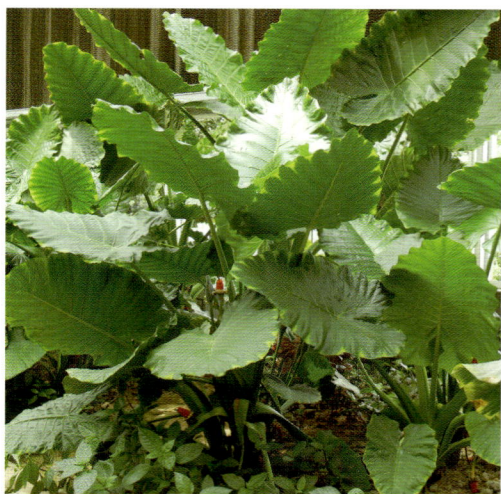

海　芋 *Alocasia macrorrhiza*

◎别名：野芋　山芋　观音莲　◎科属：天南星科·海芋属

产地与习性： 原产于中国南部及西南地区、印度和东南亚。不耐寒，喜高温、高湿，喜半荫，忌强光直射，宜疏松肥沃、排水良好的土壤。

花叶芋 *Caladium hurtulanum*

◎别名：彩叶芋　五彩芋　◎科属：天南星科·五彩芋属

产地与习性：原产于南美洲热带，以巴西及亚马逊河流域分布最广。喜高温、高湿，不耐寒，喜半荫，喜散射光，烈日暴晒叶片易发生灼伤现象；要求肥沃、疏松和排水良好的腐叶土或泥炭土。

花叶万年青 *Dieffenbachia picta*

◎别名：白黛粉叶　哑蕉　◎科属：天南星科·花叶万年青属

产地与习性：原产于南美巴西。喜高温、高湿及半荫环境，不耐寒；忌强光直射；要求肥沃、疏松而排水好的土壤。

孔雀竹芋 *Calathea makoyana*

◎别名：马克肖竹芋　斑马竹芋　◎科属：竹芋科·肖竹芋属

产地与习性：原产于南美巴西。耐荫性强，喜湿，叶面要常喷水。用水苔作无土栽培基质效果好，分生力强，繁殖容易。

紫背竹芋 *Calathea sanguinea*

◎别名：红背肖竹芋　◎科属：竹芋科·肖竹芋属

产地与习性：原产于中美洲及巴西，我国南部各省区有栽培。喜温暖、潮湿、荫蔽环境；较耐热，不耐干旱；稍耐寒，但怕霜冻；喜肥沃、疏松、湿润而排水良好的酸性土壤。

鹅掌柴 *Schefflera octophylla*

◎别名：鸭脚木　矮伞树　　◎科属：五加科·鹅掌柴属

产地与习性：原产于南洋群岛及我国广东、福建等亚热带雨地区。喜半荫，喜湿怕干；在空气湿度大、土壤水分充足的环境下生长茂盛；但对北方干燥气候有较强的适应力。

花叶鹅掌柴

猪笼草 *Nepenthes mirabili*

◎别名：捕虫草　食虫草　　◎科属：猪笼草科·猪笼草属

产地与习性：原产于东南亚和澳大利亚的热带地区，我国广东也有分布。性喜半荫、散射光，忌强光直射；喜温暖、湿度较大的环境，不耐寒，越冬温度不得低于10℃；低温不利于叶端形成捕虫囊。夏季高温时节应遮荫，并经常浇水，保持盆土湿润。主要采用组织培养法繁殖。

非洲茉莉 *Fagraea ceilanica*

◎别名：华灰莉木　　◎科属：马钱科·灰莉属

产地与习性：原产于非洲。性喜光，但忌夏日强烈日光直射；喜温暖湿润、通风良好的环境，不耐寒冷、干冻及气温剧烈下降；在疏松肥沃、排水良好的壤土上生长最佳；萌芽、萌蘖力强，耐修剪整形。

朱蕉 *Cordyline fruticosa*

◎别名：朱竹　红竹　　◎科属：龙舌兰科·朱蕉属

产地与习性：原产于亚洲热带、太平洋岛屿、澳大利亚、新西兰。中性，喜散射光，耐半荫，但在长期阴暗室内生长不良。喜高温多湿环境，生长适温20～30℃；喜富含腐殖质和排水良好的酸性土壤，不耐盐碱，稍耐水湿，抗旱力差。

富贵竹 *Dracaena sanderiana*

◎别名：竹蕉 万年竹　◎科属：龙舌兰科·龙血树属

产地与习性：原产于非洲西部的喀麦隆。性喜阴湿高温，耐荫、耐涝，抗寒力强；适生长于排水良好的砂质土或半泥砂及冲积层黏土中。夏秋季高温多湿季节，对生长有利；适宜在明亮散射光下生长。

香龙血树 *Dracaena fragrans*

◎别名：巴西木 巴西铁　◎科属：龙舌兰科·龙血树属

产地与习性：原产于南美洲热带地区。性喜阳光充足、高温高湿环境，不耐寒；宜栽植于疏松、腐殖质含量高、排水性好的培养土；耐干旱，但生长期应给叶面常喷水，保持较高的湿度。

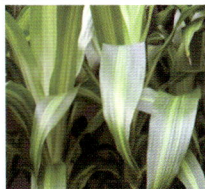

三色龙血树 *Dracaena marginata cv.tricolor*

◎别名：红边竹蕉　千年木　◎科属：龙舌兰科·龙血树属

产地与习性：原产于非洲毛里求斯。性喜阳光充足、高温、高湿，不耐寒，越冬温度 10℃以上；土壤以肥沃、疏松和排水良好的砂质壤土为宜；耐干旱，但生长期应充分浇水，保持土壤潮湿。

金边龙舌兰 *Agave americana var.marginata*

◎别名：千岁兰　◎科属：龙舌兰科·龙舌兰属

产地与习性：原产于中美洲墨西哥。适应性强，喜阳光充足、温暖湿润的气候，稍耐荫；对土壤要求不严，耐干旱，但以疏松、排水性良好的砂质壤土为佳。

金边虎尾兰 *Sansevieria trifasciata cv. laurentii*

◎**别名：** 金边虎皮兰　◎**科属：** 龙舌兰科·虎尾兰属

产地与习性： 原产于非洲西部。适应性强，喜光又耐荫，喜温暖湿润气候，耐干旱；对土壤要求不严，以疏松、排水性良好的砂质壤土为宜。

金边万年青 *Rohdea japonica*

◎**别名：** 九节莲　冬不凋　铁扁担　◎**科属：** 百合科·万年青属

产地与习性： 原产于我国南方地区及日本。喜温暖湿润、通风良好及半荫的环境，忌阳光直射；稍耐寒，不耐旱，忌积水；适生于富含腐殖质、疏松透水性好的微酸性砂质壤土。

一品红 *Euphorbia pulcherrima*

◎**别名：** 圣诞花　◎**科属：** 大戟科·大戟属

产地与习性： 原产于墨西哥及中美洲热带地区。喜温暖、阳光充足环境，不耐寒；喜肥沃、湿润而排水良好的土壤。

变叶木 *Codiaeum variegatum var. pictum*

◎**别名：** 洒金榕　◎**科属：** 大戟科·变叶木属

产地与习性： 原产于印度尼西亚、澳大利亚。性喜高温、湿润和阳光充足的环境，不耐寒，越冬室温要求5℃以上；以疏松肥沃、排水良好的壤土为宜。

文　竹 *Asparagus setaceus*

◎别名：云片松 云片竹　　◎科属：百合科·天门冬属

产地与习性：原产于南非。性喜温暖、湿润的气候条件，既不耐寒，也怕暑热；对光照条件要求比较严格，既不能常年蔽荫，也经不起阳光曝晒；宜在疏松、肥沃、通气良好的土壤中生长，不耐旱，怕水涝，不耐盐碱。

金边吊兰 *Chlorophytum comosum var.marginatum*

◎别名：大叶吊兰　　◎科属：百合科·吊兰属

金心吊兰

产地与习性：原产于南非。性喜温暖，不耐寒，喜半荫、湿润环境，要求疏松、肥沃、排水良好的土壤。

吊竹梅 *Zebrina pendula 'purpusii'*

◎别名：吊竹兰 吊竹草　　◎科属：鸭跖草科·吊竹梅属

产地与习性：原产于墨西哥。耐寒力强，短期低温不会冻死。喜半荫，光线过暗易徒长，叶无光泽，耐干燥。

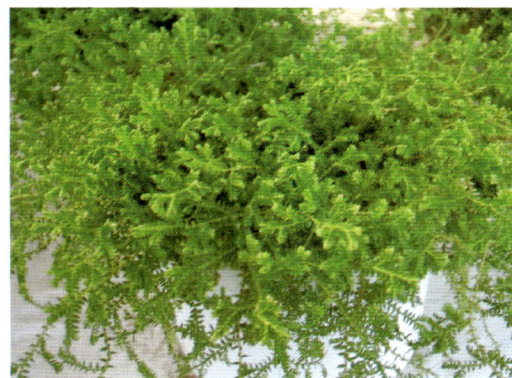

翠云草 *Selaginella uncinata*

◎别名：蓝地柏 绿绒草　　◎科属：卷柏科·卷柏属

产地与习性：原产于我国西南、华南及台湾，常生于林下湿石上、石洞内。性喜温暖、湿润、半荫的环境，忌强光直射；春季分株繁殖；生长期要充分浇水，保持较高的湿度；越冬室温需5℃以上。

肾 蕨 *Nephrolepis auriculata*

◎别名：蜈蚣草 圆羊齿　◎科属：肾蕨科·肾蕨属

产地与习性：原产于我国热带及亚热带地区，华南各省山地林缘有野生。性喜温暖、潮润、半荫的环境，喜湿润土壤和较高的空气湿度；生长期要多浇水或喷水，保持盆土不干；越冬温度5℃以上。

铁线蕨 *Adiantum trichomanes*

◎别名：铁丝草 美人发　◎科属：铁线蕨科·铁线蕨属

产地与习性：原产于美洲热带及欧洲温暖地区，我国华北以南地区有栽培。性喜温暖、湿润、半荫的环境；宜疏松、湿润、含石灰质的土壤，为钙质土指示植物。

银脉凤尾蕨 *Pteris ensiformis 'Victoriae'*

◎别名：宝剑叶凤尾蕨　◎科属：凤尾蕨科·凤尾蕨属

产地与习性：原产于马来西亚，我国有引种栽培。性喜半荫，喜温暖、湿度较大的环境；生长适温16~21℃，不耐寒，越冬温度不得低于10℃；夏季高温时节应遮荫，并经常浇水，保持盆土湿润。栽培土壤以肥沃、疏松的微酸性土壤为宜。常采用分株或孢子繁殖。

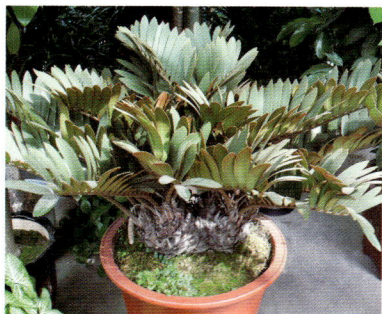

鳞秕泽米铁 *Zamia furfuracea*

◎别名：南美苏铁 美叶凤尾蕉　◎科属：泽米铁科·泽米铁属

产地与习性：原产于墨西哥、哥伦比亚。性喜温暖、湿润和阳光充足的环境；宜栽于通风场所，以疏松肥沃、排水良好的壤土为宜，较耐旱；越冬室温不得低于2℃。

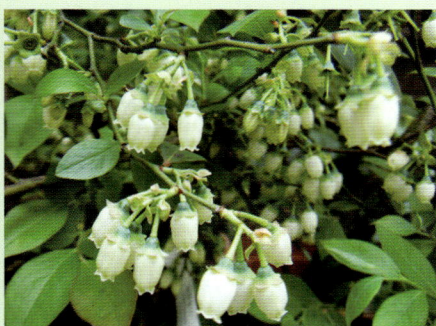

15

室内观花植物

在园林植物中，观花品种很多，在前面已作了大量的介绍。在本节主要介绍部分耐寒性不强，冬季需在温室或居室内越冬且适宜于盆栽观赏的观花植物。

观花植物按其形态结构和生长特性的不同，分为一二年生花卉、宿根花卉、球根花卉、多浆花卉、兰科花卉、水生花卉和温室木本花卉等。因本节介绍的数量少，就未作具体分类，只在习性中作了说明。学名后面的定名人省略。

瓜叶菊 *Cineraria cruenta*

◎别名：千日莲　　◎科属：菊科·瓜叶菊属
◎花期：12月~翌年3月　　◎花色：紫、红、粉、蓝、白、复色

产地与习性：原产于西班牙、地中海一带；二年生花卉。中性，喜光，稍耐荫；喜凉爽气候，忌炎热；宜疏松肥沃、排水良好的砂质土壤，怕旱，忌涝。

仙客来 *Cyclamen persicum*

◎别名：兔耳花　一品冠　　◎科属：报春花科·仙客来属
◎花期：12月~翌年3月　　◎花色：紫、红、粉、白、复色

产地与习性：原产于希腊、地中海一带；球根花卉。性喜阳光充足、凉爽、湿润的环境；要求疏松、肥沃、富含腐殖质、排水良好的微酸性砂壤土。

东方百合 *Lilium 'Oriental Hybrids'*

◎别名：麝香百合　　◎科属：百合科·百合属
◎花期：2~5月　　◎花色：淡绿白色；清香

产地与习性：主要分布于中国、日本、北美和欧洲等温带地区；球根花卉。性喜凉爽、潮湿、略荫蔽的环境，忌酷暑，耐寒性差；宜富含腐殖质、土层深厚、排水良好的微酸性至中性土壤，忌干旱；生长、开花适温15~25℃，低于5℃或高于30℃生长停止。

风信子 *Hyacinthus orientalis*

◎**别名：** 洋水仙 五色水仙　◎**科属：** 百合科·风信子属
◎**花期：** 2~5月　◎**花色：** 红、粉、乳黄、蓝紫、复色

产地与习性： 原产于地中海沿岸及亚洲西部；球根花卉。性喜光，喜凉爽、湿润环境，较耐寒；宜在肥沃、排水良好的砂壤土中生长，忌低湿、黏重的土壤。

君子兰 *Clivia miniata*

◎**别名：** 大花君子兰　◎**科属：** 石蒜科·君子兰属
◎**花期：** 12月~翌年3月　◎**花色：** 桔红、橙黄、黄、复色

产地与习性： 原产于南非；宿根花卉。喜冬季温暖、夏季凉爽的半荫环境，不耐寒；喜肥沃、疏松、通气良好的微酸性土壤；不耐水湿，稍耐旱。

花烛 *Anthurium andreanum*

◎**别名：** 红掌 蜡烛花　◎**科属：** 天南星科·花烛属
◎**花期：** 全年　◎**花色：** 红、粉红、粉白

产地与习性： 原产于哥伦比亚；宿根花卉。喜温暖、湿润环境，不耐寒；宜在富含腐殖质、排水良好的微酸性至中性土壤中生长；夏季生长适温20~25℃，冬季温度不可低于15℃。

果子蔓 *Guzmania lingulata*

◎**别名：** 红星凤梨 姑氏凤梨　◎**科属：** 凤梨科·果子蔓属
◎**花期：** 全年均有花开　◎**花色：** 紫，红，乳黄，复色

产地与习性： 原产于哥伦比亚、厄瓜多尔；宿根花卉。喜充足散射光照和高温高湿环境，耐半荫，不耐寒；对水分的要求较高，生长期需经常喷水，保持高湿和清洁环境；要求疏松而富含腐殖质且排水好的基质,不耐干旱。

鹤望兰 *Strelitzia reginae*

◎别名：天堂鸟　　◎科属：旅人蕉科·鹤望兰属
◎花期：5~8月　　◎花色：黄、橙黄、复色

产地与习性：原产于南非；宿根花卉。喜光照充足、温暖湿润之环境，不耐寒；要求肥沃、排水良好的稍黏质土壤，耐旱，不耐涝。

蟹爪兰 *Zygocactus truncatus*

◎别名：蟹爪　蟹爪莲　　◎科属：仙人掌科·蟹爪兰属
◎花期：9月~翌年5月　　◎花色：紫红、粉红

产地与习性：原产墨西哥至巴西高山冷凉雾多之地；多浆花卉。性喜半荫、潮湿、通风、凉爽的环境，要求排水、透气良好的微酸性肥沃壤土；适宜生长温度为15~25℃，5℃以下进入半休眠，低于0℃就会发生冻害。

大花蕙兰 *Cymbidium faberi*

◎别名：虎头兰　喜姆比兰　　◎科属：兰科·兰属
◎花期：12月~翌年3月　　◎花色：紫红、粉红、乳黄、复色

产地与习性：原产于东南亚、日本和我国南部地区；兰科花卉。喜冬季温暖和夏季凉爽气候，喜高湿、散光环境；生长适温为15~25℃，冬季室温以10℃左右为宜。

蝴蝶兰 *Phalaenopsis aphrodita*

◎别名：蝶兰　蝴蝶花　　◎科属：兰科·蝴蝶兰属
◎花期：12月~翌年3月　　◎花色：紫、红、粉、黄、白、复色

产地与习性：原产于亚洲热带及我国台湾地区；兰科花卉。喜高温、高湿，不耐寒；喜通风及半荫环境；要求富含腐殖质、疏松、排水好的栽培基质。

文心兰 *Oncidium sphacelatum.*

◎**别名**：跳舞兰 舞女兰　　◎**科属**：兰科·文心兰属
◎**花期**：12月~翌年3月　　◎**花色**：黄、金黄、橙、复色

产地与习性：原产于美国、墨西哥和秘鲁；兰科花卉。原叶型（或称硬叶型）文心兰喜温热环境，而薄叶型（或称软叶型）和剑叶型文心兰，喜冷凉气候。厚叶型文心兰的生长适温为18~25℃，冬季温度不低于12℃；薄叶型的生长适温为10~22℃，冬季温度不低于8℃。

春石斛 *Dendrobium nobile*

◎**别名**：金钗石斛 石斛兰　　◎**科属**：兰科·石斛属
◎**花期**：2~5月　　◎**花色**：紫、红、粉、黄、白、复色

产地与习性：原产我国云南、广东、广西、台湾等地；兰科花卉。多生于温凉高湿的阴坡、半阴坡、微酸性岩层峭壁上，群聚分布；宜肥沃疏松、排水良好的酸性土壤，秋季需一个干燥、低温（约10℃）的过程，以促进花芽分化。

西洋杜鹃 *Rhododendron × hybrida*

◎**别名**：比利时杜鹃　　◎**科属**：杜鹃花科·杜鹃花属
◎**花期**：四季皆能开花　　◎**花色**：紫、红、粉、白、复色

产地与习性：原产于比利时，杂交培育种；温室木本花卉。喜温暖、湿润、空气凉爽、通风和半荫的环境；要求肥沃、疏松、富含有机质、排水良好的酸性土壤；夏季忌阳光直射，应遮阳，常喷水，保持空气湿度。

金边瑞香 *Daphne odora* f. marginata

◎**别名**：蓬莱花　　◎**科属**：瑞香科·瑞香属
◎**花期**：2~5月　　◎**花色**：紫、红、粉、复色；浓香

产地与习性：原产于我国中部；温室木本花卉。适宜半荫、凉爽、短日照环境。怕高温高湿，最适宜温度为15~25℃，过高或过低则进入半休眠状态；喜微酸性土壤，喜磷钾肥，忌氮肥过多。

米 兰 *Aglaia odorata*

◎别名：米仔兰 树兰　◎科属：楝科·米仔兰属
◎花期：夏秋两季　◎花色：黄、金黄；浓香

产地与习性：原产中国及东南亚，温室木本花卉。喜阳光充足、温暖、湿润环境，耐半荫，不耐寒；宜肥沃疏松、排水良好的酸性土壤。

茉莉花 *Jasminum sambac*

◎别名：茉莉 素馨花　◎科属：木犀科·素馨属
◎花期：5~8月　◎花色：白色；浓香

产地与习性：原产于东南亚；温室木本花卉。喜阳光充足、温暖、湿润环境，耐半荫，不耐寒；宜肥沃疏松、排水良好的微酸性土壤。

扶 桑 *Hibiscus rosa-sinensis*

◎别名：朱槿 大红花　◎科属：锦葵科·木槿属
◎花期：几乎全年　◎花色：紫、红、粉、黄等

产地与习性：原产于我国南部地区；温室木本花卉。喜光，稍耐荫，喜温暖、湿润气候，不耐寒；宜在富含腐殖质、排水良好的微酸性至中性土壤中生长。

叶子花 *Bougainvillea spectabilis*

◎别名：三角花 宝巾 九重葛　◎科属：紫茉莉科·叶子花属
◎花期：冬春两季　◎花色：紫、红、粉、浅蓝、白等

产地与习性：原产于南美巴西；温室木本花卉。性喜温暖、湿润环境，喜光，光照不足会影响其开花；适宜生长温度为20~30℃；对土壤要求不严，在排水良好、含矿物质丰富的黏重壤土中生长良好，耐干旱贫瘠、耐盐碱、忌积水。

16

室内观果植物

在园林植物中，果色鲜艳且观果期长的品种不太多，有些品种属于冬季观果类（如枸骨、无刺枸骨、火棘、南天竹、柚子、柑橘、金桔等），但因其抗寒性较强，可以露地栽培，在前面已作介绍，在本节不再重复。本节只介绍4种耐寒性弱、冬季需在温室或居室内越冬且适宜于盆栽观赏的观果植物。学名后面的定名人省略。

佛　手　*Citrus medica var. sarcodactylis*

◎别名：五指橘 九爪木 佛手柑　　◎科属：芸香科·柑橘属
◎观果期：10月~翌年3月　　◎果色：金黄、黄色

产地与习性：产于闽、粤、川、江、浙等省。喜阳光充足、温暖、湿润的环境，不耐严寒；宜在雨量充足、冬季无霜冻的地区栽培；要求疏松、富含腐殖质、排水良好的酸性壤土或砂壤土。

富贵籽　*Ardisia crenata*

◎别名：朱砂根 红凉伞 百两金　　◎科属：紫金牛科·紫金牛属
◎观果期：10月~翌年3月　　◎果色：鲜红色

产地与习性：原产于我国江南亚热带地区。喜温暖、湿润或半燥的气候环境；不耐寒，冬季温度8℃以下停止生长；对光线和土壤的适应性较强。

黄金果　*Solanum mammosum cv. niutou*

◎别名：乳头茄 五指茄　　◎科属：茄科·茄属
◎观果期：10月~翌年3月　　◎果色：金黄、黄、乳黄

产地与习性：原产于美洲热带地区。喜阳光充足、温暖、湿润的环境，不耐寒，冬季温度不得低于12℃；宜肥沃、疏松和排水良好的砂质壤土，忌干旱与水涝。

紫　珠　*Callicarpa bodinieri*

◎别名：珍珠枫　　◎科属：马鞭草科·紫珠属
◎观果期：9~11月　　◎果色：蓝紫

产地与习性：原产于黄河以南的部分省（区）。性喜光，稍耐荫，喜温暖湿润气候，不太耐寒；宜生长于肥沃、湿润、排水良好的土壤。花期6~7月；果球形，熟时蓝紫色；为优美的观果灌木，也可盆栽观赏。

附件1　园林植物按叶色分类

叶色类型		常 见 园 林 植 物 种 类
春色叶类 或新叶有色类	红色或紫红色	红枫、日本红枫、红羽毛枫、乐东拟单性木兰、木荷、香椿、石楠、红叶石楠（春秋新叶）、罗城石楠、红叶茶梅、连蕊茶、南天竹、火焰南天竹等
	黄　色	金叶女贞、金森女贞、洒金千头柏等
秋色叶类	红色或橙红色	乌桕、枫香、美国枫香、鸡爪槭、日本黄栌、美国红栌、黄连木、柿树、榉树、水杉、池杉、落羽杉、水松、爬地卫矛等
	黄色或橙黄色	银杏、无患子、檫木、金钱松、鹅掌楸、悬铃木、梧桐、毛白杨、槐树、栾树、朴树、珊瑚朴、喜树、重阳木、构树、七叶树、三角枫、复叶槭、元宝枫等
常色叶类	紫红色	红花檵木、红叶李、紫叶桃、紫叶小檗等
	黄　色	金叶钝齿冬青、金叶小檗、黄金茶、黄金槐（淡黄）等
斑色叶类		金边大叶黄杨、银边大叶黄杨、金心大叶黄杨、金边胡颓子、银边胡颓子、金心胡颓子、金边扶芳藤、银边扶芳藤、金心扶芳藤、金边枸骨、彩叶桂花、银边六月雪、银姬小蜡、花叶女贞、小丑火棘、洒金桃叶珊瑚、金叶大花六道木、花叶络石、黄金锦络石、五彩络石、花叶常春藤、花叶蔓长春、菲白竹、菲黄竹等

附件2　园林植物按叶片大小分类

叶片类型	常 见 园 林 植 物 种 类
特大叶型 叶长 > 25cm	棕榈、棕竹、加拿利海枣、苏铁、凤尾兰、箬竹、芭蕉、美人蕉、荷花、睡莲、王莲、梭鱼草、再力花、散尾葵、龟背竹、万年青等
大叶型 叶长13～25cm	广玉兰、枇杷、深山含笑、木莲、乳源木莲、石楠、厚朴、白玉兰、红玉兰、飞黄玉兰、二乔玉兰、鹅掌楸、杂交马褂木、悬铃木、梧桐、泡桐、构树、喜树、七叶树、桑树、无花果、木芙蓉、八角金盘、八仙花、葡萄、葛藤等
中等叶型 叶长5～12cm	香樟、桂花、女贞、乐昌含笑、红花木莲、杜英、乐东拟单性木兰、香橼、杨梅、冬青、苦槠、竹柏、榕树、椤木石楠、红叶石楠、胡颓子、金边胡颓子、珊瑚树、山茶花、茶梅、美人茶、厚皮香、含笑、海桐、大叶黄杨、金边大叶黄杨、栀子花、金森女贞、蚊母树、菲吉果、地中海荚蒾、叶子花、柑橘、金桔、毛白杨、乌桕、重阳木、檫木、杜仲、榆树、榉树、朴树、枫香、美国枫香、元宝枫、三角枫、柿、枣、拐枣、四照花、梅、日本樱花、日本晚樱、樱桃、红叶李、桃、碧桃、紫叶桃、李、杏、梨、郁李、贴梗海棠、榆叶梅、鸡爪槭、红枫、紫薇、丁香、石榴、花石榴、蜡梅、结香、紫荆、金钟花、金银忍冬、锦带花、棣棠、木绣球、海滨木槿、单叶蔓荆、南天竹、熊掌木、桃叶珊瑚、洒金桃叶珊瑚、薜荔、常春藤、紫藤、爬山虎、毛竹、刚竹、紫竹、茶秆竹、青皮竹、孝顺竹、佛肚竹、早园竹、金镶玉竹、菲黄竹、菲白竹等
小叶型 叶长 < 5cm	榔榆、火棘、小丑火棘、罗城石楠、杜鹃、檵木、红花檵木、小叶栀子、迎春、云南黄馨、金叶女贞、小叶女贞、小蜡、银姬小蜡、瓜子黄杨、雀舌黄杨、龟甲冬青、金叶钝齿冬青、银边六月雪、滨柃、小檗、紫叶小檗、金叶小檗、六道木、连蕊茶、络石、花叶络石、黄金锦络石、五彩络石、扶芳藤等

附件3 园林植物按叶片形状分类

叶片类型		常 见 园 林 植 物 种 类
单叶类	针形或钻形	雪松、五针松、黑松、湿地松、马尾松、白皮松、柳杉、池杉、南洋杉、台湾杉等
	鳞形或刺形	柏木、圆柏、龙柏、塔柏、侧柏、洒金千头柏、北美香柏、日本花柏、金叶桧、铺地柏等
	条 形	罗汉松、日本冷杉、南方红豆杉、金钱松、水杉、落羽杉、东方杉、合欢、银荆树、苏铁(羽片)、杉木等
	披针形及倒披针形	木莲、杨梅、竹柏、夹竹桃、十大功劳（小叶）、南天竹（小叶）、雀舌黄杨、垂柳、桃、碧桃、紫叶桃、毛竹、刚竹、紫竹、茶秆竹、青皮竹、孝顺竹、凤尾竹、佛肚竹、早园竹、金镶玉竹、菲黄竹、菲白竹等
	椭圆形及长椭圆形	桂花、广玉兰、深山含笑、乐东拟单性木兰、杜英、枇杷、香橼、冬青、苦槠、榕树、厚皮香、石楠、椤木石楠、红叶石楠、珊瑚树、栀子花、桃叶珊瑚、金边六月雪、金丝桃、六道木、连蕊茶、菲吉果、地中海荚蒾、柑橘、金桔、红玉兰、黄玉兰、二乔玉兰、喜树、柿、日本樱花、李、西府海棠、石榴、花石榴、紫薇、蜡梅、结香、紫玉兰、金钟花、锦带花、金银忍冬、木绣球、榆叶梅、单叶蔓荆、蔓长春、花叶蔓长春、箬竹等
	卵形及倒卵形	白玉兰、香樟、女贞、山茶花、美人茶、杜鹃、含笑、海桐、大叶黄杨、榉木、红花檵木、瓜子黄杨、蚊母树、滨柃、榆树、榔榆、朴树、珊瑚朴、榉树、构树、桤木、杜仲、四照花、拐枣、梅、红叶李、杏、梨、垂丝海棠、桑树、贴梗海棠、郁李、棣棠、日本黄栌、木槿、鸡冠刺桐、小檗、紫叶小檗、金叶小檗、八仙花、扶芳藤、爬地卫矛、金银花等
	圆形或心形	乌桕、重阳木、毛白杨、丁香、紫荆、海滨木槿、猕猴桃、叶子花等
	掌状裂	枫香、美国枫香、悬铃木、梧桐、三角枫、元宝枫、鸡爪槭、红枫、无花果、木芙蓉、八角金盘、熊掌木、葡萄、爬山虎、棕榈（掌状深裂）、棕竹（掌状深裂）等
	羽状裂	苏铁、加拿利海枣、散尾葵、肾蕨等
	异形叶	银杏、鹅掌楸、杂交马褂木、檫木、小构树、柚、枸骨、阔叶十大功劳、凤尾兰（剑形）等
复叶类	偶数羽状复叶	合欢、无患子、香椿、红椿、枫杨、银荆树、伞房决明等
	奇数羽状复叶	槐树、刺槐、龙爪槐、黄金槐、栾树、黄山栾树、苦楝、臭椿、日本黄栌、阔叶十大功劳、南天竹、木香、紫藤、凌霄等
	掌状复叶	七叶树、鹅掌柴、马拉巴栗等

附件4　园林植物按花期分类

开花时期	常见园林植物种类
春季开花 （3—4月）	白玉兰、红玉兰、飞黄玉兰、二乔玉兰、紫玉兰、檫木、日本樱花、日本晚樱、桃、碧桃、紫叶桃、李、红叶李、杏、梨、垂丝海棠、西府海棠、贴梗海棠、紫荆、迎春、金钟花、锦带花、木绣球、榆叶梅、郁李、丁香、棣棠、月季、绣线菊、山茶花、茶梅、美人茶、杜鹃、檵木、红花檵木、云南黄馨、紫藤等
春末夏初开花 （5—6月）	广玉兰、乐昌含笑、木莲、红花木莲、含笑、女贞、石楠、鹅掌楸、杂交马褂木、七叶树、合欢、乌桕、槐树、刺槐、苦楝、石榴、花石榴、木槿、海滨木槿、鸡冠刺桐、夹竹桃、火棘、南天竹、小叶女贞、金叶女贞、金森女贞、银边六月雪、栀子花、小叶栀子、金丝桃、大花六道木、月季、牡丹、棣棠、八仙花、金银花、木香、蔓长春、花叶蔓长春、美人蕉、睡莲等
夏季开花 （7—8月）	夹竹桃、合欢、木槿、鸡冠刺桐、月季、八仙花、金银花、金丝桃、大花六道木、紫薇、凌霄、单叶蔓荆、铁线莲、美人蕉、荷花、睡莲等
秋季开花 （9—10月）	夹竹桃、合欢、木槿、紫薇、凌霄、栾树、黄山栾树、桂花、木芙蓉、伞房决明、凤尾兰、大花六道木、月季、美人蕉、葱兰、韭兰等
秋末冬初开花 （11—12月）	茶梅、美人茶、蜡梅、结香、枇杷、四季桂、地中海荚蒾、伞房决明、大花六道木、月季等
冬季开花 （1—2月）	茶梅、美人茶、蜡梅、结香、山茶花；（2月下旬）梅、迎春、檫木、白玉兰等

附件5　园林植物按花色分类

花色类型	常见园林植物种类
红色	山茶花、茶梅、美人茶、杜鹃、红花檵木、梅、碧桃、石榴、花石榴、紫薇、月季、贴梗海棠、鸡冠刺桐、叶子花等
粉红色	合欢、梅、日本樱花、日本晚樱、碧桃、桃、红叶李、垂丝海棠、西府海棠、紫薇、榆叶梅、郁李、木槿、杏、木芙蓉、夹竹桃、月季、牡丹等
紫红色	红玉兰、紫玉兰、梅、紫荆、紫叶桃、紫丁香、紫薇、木槿、杜鹃、红花檵木、紫藤、铁线莲、昆明鸡血藤等
蓝紫色	苦楝、木槿、单叶蔓荆、紫藤、葛藤、铁线莲、蔓长春、花叶蔓长春等
金黄色	蜡梅、迎春、云南黄馨、金丝桃、金丝梅、金钟花、棣棠、海滨木槿、伞房决明、黄木香、凌霄、飞黄玉兰、檫木、栾树、黄山栾树等
淡黄色	鹅掌楸、杂交马褂木、乐昌含笑、含笑、厚皮香、结香等
白色	白玉兰、广玉兰、女贞、深山含笑、木莲、火棘、石楠、椤木石楠、珊瑚树、夹竹桃、檵木、栀子花、小叶栀子、南天竹、小叶女贞、小蜡、金叶女贞、金森女贞、银边六月雪、槐树、刺槐、龙爪槐、七叶树、四照花、梨、白木香、凤尾兰等
多种花色	梅花、山茶花、茶梅、杜鹃、紫薇、月季、八仙花、大丽菊、美人蕉、郁金香等

附件6 园林植物按果色分类

果色类型	常 见 园 林 植 物 种 类
红色	冬青、南方红豆杉、石楠、枸骨、无刺枸骨、火棘、珊瑚树、南天竹、桃叶珊瑚、洒金桃叶珊瑚、樱桃、杨梅、石榴等
黄色	枇杷、柚子、常山胡柚、柑橘、金桔、柿、梅(黄绿)、杏、观赏南瓜等
紫红色	杨梅、石榴、李、红叶李、葡萄、桑等
紫黑色	香樟、女贞、竹柏、金叶女贞、地中海荚蒾、棕榈（蓝褐）、十大功劳（蓝黑）、阔叶十大功劳（蓝黑）、紫珠（蓝紫）等

附件7 园林植物按光照适应性分类

光照适应性	常 用 园 林 植 物 种 类
阳性植物	雪松、五针松、黑松、湿地松、马尾松、白皮松、杉木、柳杉、柏木、龙柏、匍地柏、金钱松、水杉、池杉、落羽杉、东方杉、银杏、玉兰、鹅掌楸、杂交马褂木、枫香、悬铃木、梧桐、毛白杨、垂柳、枫杨、槐树、刺槐、合欢、无患子、栾树、黄山栾树、榆树、榉树、朴树、珊瑚朴、构树、乌桕、重阳木、七叶树、杜仲、苦楝、香椿、红椿、臭椿、檫木、柿、枣、拐枣、梅、日本晚樱、樱桃、碧桃、桃、紫叶桃、杏、梨、垂丝海棠、西府海棠、石榴、花石榴、桑树、无花果、紫玉兰、紫荆、锦带花、榆叶梅、郁李、木槿、紫薇、蜡梅、木芙蓉、紫藤、凌霄、木香、月季、伞房决明、棕榈、香樟、女贞、桂花、枇杷、石楠、椤木石楠、夹竹桃、火棘、红花檵木等
中性植物	大部分园林植物为中性植物（略） 部分耐半荫植物：山茶花、美人茶、竹柏、日本冷杉、南洋杉、南天竹、杜鹃花、络石、薜荔、扶芳藤、花叶蔓长春、菲白竹、菲黄竹、箬竹等
阴性植物	八角金盘、熊掌木、常春藤、桃叶珊瑚、洒金桃叶珊瑚、棕竹、麦冬草、金边阔叶麦冬、吉祥草、玉簪、肾蕨等

附件8 园林植物按温度适应性分类

温度适应性	常 用 园 林 植 物 种 类
耐寒植物	黑松、五针松、湿地松、白皮松、圆柏、龙柏、塔柏、侧柏、冷杉、云杉、金钱松、银杏、白玉兰、二乔玉兰、鹅掌楸、梧桐、毛白杨、垂柳、枫杨、槐树、黄金槐、白蜡、榆树、朴树、榉树、黄金树、栾树、七叶树、杜仲、臭椿、三角枫、元宝枫、柿、枣、日本樱花、日本晚樱、樱桃、花桃、桃、紫叶桃、李、红叶李、杏、梨、垂丝海棠、西府海棠、石榴、花石榴、桑树、金银忍冬、榆叶梅、牡丹、蜡梅、紫荆、迎春、金钟花、锦带花、金银忍冬、月季、贴梗海棠、榆叶梅、郁李、绣线菊、日本黄栌、小叶女贞、小蜡、银边小蜡、金叶女贞、金森女贞、六道木、单叶蔓荆、小檗、紫叶小檗、金叶小檗、木香、紫藤、多花蔷薇、爬山虎、葛藤、刚竹、紫竹、早园竹等
中等耐寒植物	大部分园林植物为中等耐寒植物（略）
不耐寒植物	苏铁、南洋杉、加拿利海枣、榕树、棕竹、金桔、叶子花、西洋杜鹃、米兰、佛手、花叶络石、黄金锦络石、五彩络石、常春藤、花叶蔓长春等

附件9　园林植物按水分适应性分类

水分适应性	常 用 园 林 植 物 种 类
耐干旱植物	五针松、黑松、白皮松、侧柏、匍地柏、苦槠、银荆、石楠、夹竹桃、胡颓子、小叶女贞、小蜡、金叶女贞、大叶黄杨、瓜子黄杨、滨枥、菲吉果、地中海荚蒾、二乔玉兰、枫香、悬铃木、梧桐、毛白杨、合欢、无患子、栾树、黄山栾树、榆树、榔榆、朴树、榉树、构树、乌桕、臭椿、元宝枫、柿、枣、火棘、垂丝海棠、西府海棠、石榴、紫薇、无花果、日本黄栌、木槿、蜡梅、迎春、金钟花、锦带花、金银忍冬、榆叶梅、郁李、鸡冠刺桐、伞房决明、单叶蔓荆、小檗、紫叶小檗、金叶小檗、络石、薜荔、扶芳藤、爬地卫矛、木香、紫藤、爬山虎、葛藤等
中生植物	大部分园林植物为中生植物（略）
湿生植物	池杉（极耐水湿）、落羽杉（极耐水湿）、东方杉（极耐水湿）、水杉、垂柳、枫杨、矮蒲苇等
水生植物	荷花、睡莲、再力花、千屈菜、凤眼莲、慈姑、水烛、水葱、水竹草等

附件10　园林植物按土壤酸碱盐适应性分类

耐酸碱盐类型	常 用 园 林 植 物 种 类
宜酸性土植物	茶花、茶梅、杜鹃、栀子花、白玉兰、紫玉兰、红枫、西府海棠、贴梗海棠、马尾松、五针松、罗汉松、棕榈、米兰、茉莉花、兰花、蕨类等
宜碱性土植物	柏木、侧柏、圆柏、龙柏、塔柏、匍地柏、白皮松、石榴等
耐盐碱性强植物	柽柳、沙枣、枸杞、木麻黄、白蜡、女贞、臭椿、海滨木槿、滨枥、夹竹桃、蜡杨梅、紫穗槐、单叶蔓荆、沙蓬草等
耐盐碱性中等植物	黑松、白皮松、柏木、侧柏、匍地柏、落羽杉、东方杉、小叶女贞、金叶女贞、珊瑚树、柑橘、黄连木、苦楝、沙朴、旱柳、构树、乌桕、毛白杨、垂柳、槐树、刺槐、龙爪槐、黄金槐、栾树、黄山栾树、榆树、苦楝、元宝枫、石榴、花石榴、紫薇、无花果、蜡梅、鸡冠刺桐、紫叶小檗、迎春、金钟花、金银忍冬等
稍耐盐碱植物	雪松、圆柏、龙柏、金叶千头柏、冬青、杨梅、枸骨、石楠、椤木石楠、胡颓子、海桐、蚊母树、阔叶十大功劳、小蜡、银姬小蜡、金森女贞、瓜子黄杨、雀舌黄杨、地中海荚蒾、枫杨、合欢、美国枫香、无患子、榔榆、珊瑚朴、榉树、喜树、杜仲、柿、枣、梅、李、红叶李、杏、鸡爪槭、红枫、羽毛枫、丁香、桑树、紫玉兰、榆叶梅、木槿、伞房决明、八仙花、络石、扶芳藤、爬行卫矛、爬山虎、棕榈、加拿利海枣、凤尾兰、刚竹、早园竹等

园林植物意境美的营造

园林植物意境美是我国园林植物景观独具特色的风格。我国历史悠久，文化灿烂，在古代很多诗词及民众习俗中赋予了植物人格化。人们在欣赏植物形态美的同时，将赞美、理想、抱负、期望等情感寓意于植物，使植物的形态美升华到"天人合一"的意境美。

传统的"松、竹、梅"著称"岁寒三友"，因为人们将这三种植物视作具有共同的品格。

松树苍劲古雅，不畏霜雪风寒，具有坚贞不屈、高风亮节的品格。因此，园林中常用于烈士陵园，以纪念先烈坚贞不屈的英雄气概。陵园中常有万壑松风、松涛别院、松风亭等景观。

竹子是中国文人最喜爱的植物之一，象征"虚心有节"。古人以"玉可碎而不改其白，竹可焚而不毁其节"来比喻高风亮节的气质；苏东坡以"宁可食无肉，不可居无竹"说明竹子对居所的重要性。园林景点中的"竹径通幽"最为常用；松竹绕屋是古代文人喜爱之处，更是现代园林植物配置的重要手笔。

梅花是中国传统造园植物，元代诗人杨维桢称赞其"万花敢向雪中出，一树独先天下春"，梅枝干苍劲挺秀，宁折不弯，冲破冰雪为人们带来早春的气息，象征刚强不屈的意志。南宋陆游词中"无意苦争春，一任群芳妒"，赞赏梅花不畏强暴的品质及虚心奉献的精神。"零落成泥碾作尘，只有香如故"，表示梅自尊自爱、高洁清雅的情操。陈毅诗中"隆冬到来时，百花迹已绝，红梅不屈服，树树立风雪"，象征梅坚贞不屈的品格。成片的梅花林具有香雪海的景观，以梅花命名的景点很多，有梅花山、梅岭、梅岗、梅坞、香雪云蔚亭等。北宋林和靖诗中"疏影横斜水清浅，暗香浮动月黄昏"是最雅致的配置方式之一。

梅兰竹菊又称"植物四君子"。兰花绿叶幽茂，柔条独秀，无矫柔之态，无媚俗之意，幽香清远，馥郁袭人，被认为是"高雅、清香而色不艳"的植物。明朝诗人张羽称"能白更兼黄，无人亦自芳，寸心原不大，容得许多香"；清朝诗人郑燮曰"兰草已成行，山中意味长。坚贞还自抱，何事斗群芳？"陈毅诗曰"幽兰在山谷，本自无人识，不为馨香重，求者遍山隅"。

菊花耐寒霜，晚秋独吐幽芳。南宋陆游诗曰"菊花如端人，独立凌冰霜，高情守幽贞，大节凛介刚"，可谓"幽贞高雅"。东晋陶渊明诗曰"芳菊开林耀，青松冠岩列。怀此贞秀姿，卓为霜下杰"。陈毅诗曰"秋菊能傲霜，风霜重重恶，本性能耐寒，风霜其奈何"，赞赏菊花不畏风霜恶劣环境的君子品格。

荷花被视作"出淤泥而不染，濯清涟而不妖"，人们赋予它清白、纯洁的高贵品格。

桂花在李清照心中更为高雅，"暗淡轻黄体性柔，情疏迹远只香留。保须浅碧深红色，自是花中第一流。梅定妒，菊应羞，画栏开处冠中处，骚人可煞无情思，何事当年不见收"。连千古高雅绝冠的梅花也为之生妒，隐逸高姿的菊花也为它含羞，可见桂花有多高贵。

牡丹花大色艳，国色天香，雍容华贵，素有"花中之王"之美称，被视为荣华富贵的象征。

单株植物的意境空间虽小，但窗外一小枝横斜，一叶芭蕉，一枝红梅，半掩窗扉，若隐若现，便构成一幅小型的意境空间；大型意境空间的营造则需众多植物的相互融合，并常借助其它物品或生物来影射出某种心情、某种志向、某种氛围、某种气势。我国传统写意山水的自然美意境，庄严肃穆的皇家园林，都要求植物配置的协调和融合；选择合适的植物，协调的色彩，并配以相应的建筑、山石，伴随季节的形态变化，一幅幅大型意境空间便会呈现在人们眼前；而这种意境空间的营造又需要与当地的文化、传统等紧密联系。

常见园林植物文化内涵

序号	植物名称	文 化 内 涵
01	雪 松	喻意高洁，寄予人生积极向上、不屈不挠的精神。
02	五针松	集松类树种气、骨、色、神之大成，富有诗情画意。
03	金钱松	树干通直，树皮酷似龙鳞，象征中华之龙。
04	柏 木	"桃李艳春日，松柏黯无光。贞心结千古，誓不随众芳。"古柏作为活的文物，具强悍、伟大、忠心之象征。
05	苏 铁	因其生长缓慢，有长寿树之称，具有健康长寿、富贵吉祥之寓意。
06	罗汉松	罗汉松被认为是健康、长寿、富贵、守财的象征。
07	竹 柏	竹柏寿命长，在民间被视为健康、长寿、吉祥的象征，也认为可以避险。
08	红豆杉	在基督教中，红豆杉是作为一个不朽的象征。在我国一些地区，人们认为红豆杉能带来吉祥与幸福。
09	樟 树	樟树被认为是一种能够辟邪、庇福以及代表长寿的吉祥树。
10	桂 花	桂之谐音为"贵"，有荣华富贵之意。
11	女 贞	象征忠贞不渝、永远不变的爱。
12	广玉兰	"翠条多力引风长，点破银花玉雪香。韵友自知人意好，隔帘轻解白霓裳。"这是清朝沈同描述广玉兰的诗句，现在更是被世人冠以"芬芳的陆地莲花"之美誉。
13	枇 杷	枇杷因其结果多，寓意多子重福，其果实又被古人称为"备四时之气"之佳果。
14	榕 树	榕与容、荣同音，寓意有大量、容纳、荣华富贵之意。
15	山茶花	山茶花一直被人们视为高洁典雅之花，象征崇高的爱情与友谊。
16	茶 梅	红花茶梅，象征清雅、谦让；白花茶梅，象征理想的爱。
17	杜 鹃	杜鹃开花时特别火红、旺盛，是一种吉祥的花卉，也成为自强不息、生命力顽强的象征。
18	含 笑	"花开不张口，含笑又低头；疑似玉人笑，深情暗自流。"象征少女的含蓄与矜持。
19	栀子花	栀子花清丽高雅，含蓄庄重，浓香馥郁，沁人肺腑，民间视其为吉祥之物。
20	叶子花	叶子花满树皆花，色彩鲜艳，且花期很长，因此被认为是一种吉祥的花卉，寓意坚韧不拔、积极进取、热情红火、地久天长之意。
21	橘（桔）	在民俗中，橘与吉谐音，简化字通用桔字，故常以桔趋吉祈福。金桔可兆明。
22	银 杏	银杏为树中老寿星，历来被作为长寿的象征。
23	白玉兰	白玉兰因其花纯白无暇、冷香静远、不怕风霜、迎春独放，被视为纯洁、刚毅、吉祥、富贵的象征。
24	梧 桐	我国有一句俗语："种下梧桐树，引得凤凰来。"因此梧桐树成为人们喜爱的吉祥树。

序号	植物名称	文 化 内 涵
25	垂柳	古时天文学认为天上有二十八星宿，其中柳宿属之一，因此柳树具有驱邪、逐恶作用。柳有"留"之谐音，因此还有惜别之意。
26	紫花泡桐	当紫花泡桐花开满枝时，远远望去就像蓝色海洋中有一群美丽的少女穿着紫色的裙子翩翩起舞，十分有动感，惹人喜欢，其花语是期待你的爱。
27	合欢	夜合晨舒，象征夫妻恩爱和谐，婚姻美满，故称"合婚"树。
28	槐树	我国民间俗言："门前一棵槐，不是招宝，就是进财。"世人在庭院多喜植槐树，以讨吉兆祥瑞。
29	龙爪槐	不仅与槐树一样是"禄"的代表，更因酷似盘龙飞天而灵奇受宠。
30	榆树	榆树的果实如同古代铜钱，称之为榆钱，寓意钱多、招财进宝。
31	柿树	柿谐音"事"，有事事如意之寓意。
32	枣	枣谐音"早"，民俗常有枣与栗子（或荔枝）合组图案，谐音"早立子"。在婚礼中，有将枣与桂圆合组礼品，谐音"早生贵子"。
33	梅花	梅花以其所独有的姿、香、神、韵赢得了人们的喜爱，被视为高洁、坚毅、吉祥、幸福、长寿的象征。
34	桃	古人赋予桃有驱邪避鬼之神奇功能，象征健康、幸福和吉祥。桃花也为美人的代称。
35	樱花	爱情与希望的象征。
36	梨花	很多风情文人把梨花比为出浴美人，"玉作精神雪作肤，雨中娇韵越清瘦；若人会得嫣然态，写作杨妃出浴图"。
37	杏花	杏花与春燕结合，"杏林春燕"，不仅寓意妙手回春、禳灾除病，也寓意着双燕报春，科举及第。
38	海棠	海棠象征荣华富贵，与玉兰、牡丹构成组合图案，意为"玉堂富贵"。
39	石榴	石榴果实含籽甚多，常用来寓意多子多福、家族兴旺、绵延不断。
40	紫薇	紫薇寓意着紫气东升，是吉祥、圣洁、喜悦的象征。
41	丁香花	丁香花是爱情的象征，被人们赞誉为"幸福之树"、"爱情之花"。
42	桑	古代人们喜欢在住宅周围栽植桑树和梓树，后来人们就用物代处所，用"桑梓"代称家乡。赞扬某人为家乡造福，往往用"功在桑梓"。
43	蜡梅	蜡梅花语是祝福吉祥，也有比较高雅、自洁等高尚品德。
44	紫玉兰	紫玉兰别名木笔，是长寿的意思，其还有一个花语为报恩。
45	紫荆花	紫荆花又名满堂红，象征兄弟姐妹团结和谐。
46	迎春花	春的使者，与百花一起为人间共吐芬芳，表示迎春花柔弱中蕴藏着刚毅、坚强、无私的性格和品德。
47	锦带花	锦带花的花语为前程似锦，绚烂美丽。
48	月季	月季被誉为"花中皇后"，我国人们一直把它作为吉祥、富贵、幸福之花，国外也把它作为幸福、和平的象征。
49	牡丹	富贵之花，尊之为"国色天香"；幸福、美好、繁荣昌盛的象征。

序号	植物名称	文　化　内　涵
50	八仙花	"八仙"在民间为吉祥喜庆之象征，因此八仙花寓意有吉祥、喜庆、祝福、长寿之意。
51	木芙蓉	芙蓉耐寒，遇霜花盛，故又名"拒霜花"。"千林扫作一番黄，只有芙蓉独自芳"。芙蓉谐音"富荣"，在图案中常与牡丹组合为"荣华富贵"，均具吉祥意蕴。
52	常春藤	顾名思义，常春藤具有青春永驻、健康长寿之寓意；盆栽常春藤是送给长辈的很好的礼物。
53	金银花	寓意有金有银，多财多福。
54	铁线莲	铁线莲花语是高洁、美丽的心。
55	紫藤花	花语为醉人的恋情，依依的思念，表示对恋人的不舍。此外国际礼仪中，紫藤花还表示热烈欢迎的意思。
56	葡　萄	葡萄果实串串，莹润欲滴，代表着丰收、富裕、高贵；藤蔓缠绕、盘曲绵长，也寓意千秋万代、多子多福。
57	凤尾兰	凤尾兰花语为高雅、长寿、康宁。
58	竹	在我国竹文化中把竹比作君子，国画中常将松、竹、梅称为"岁寒三友"。竹又谐音"祝"，有美好祝福的习俗意蕴。
59	佛肚竹	佛是保佑平安、吉祥的象征，故佛肚竹便被视作为能够辟邪、平安吉祥的植物。
60	荷　花	荷花出淤泥而不染，象征着圣洁、吉祥，被佛教奉为圣花。
61	睡　莲	睡莲被视为圣洁、美丽的化身，是吉祥之花。
62	菖　蒲	在我国民间一直被看作是吉祥如意的瑞草，可防疫、驱邪的灵草，与兰花、水仙、菊花并称为"花草四雅"。
63	虞美人	白色虞美人，象征安慰、慰问；红色虞美人，表示极大的奢侈。
64	鸡冠花	经风傲霜，花姿不减，花色不褪，被视为永不褪色的恋情或不变的爱。
65	菊　花	菊花自古为清雅、高洁、尊贵、庄严的象征。
66	长春花	长春花寓意有青春常在、健康长寿、天长地久之意。
67	金鱼草	金鱼草花朵似龙头，因此寓意有吉祥、喜庆、鸿运当头之意。
68	紫罗兰	紫罗兰花语是永恒的美，质朴的美德。
69	向日葵	寓意向往光明之花，给人带来美好希望之花。另一花语为沉默的爱。
70	芍　药	芍药为富贵和美丽的象征。古人形容美女"立如芍药，坐如牡丹"。
71	萱　草	萱草别名忘忧草，为我国的母亲花，寓意忘忧、吉祥。
72	郁金香	郁金香花语爱的表白、永恒的祝福，象征神圣、幸福与胜利。
73	百　合	寓"百事合心"，"百事好合"之意，象征纯洁、幸福、和谐、友爱、万事如意。
74	朱顶红	花朵挺立枝头，硕大鲜红，因此其寓意为鸿运当头、富贵荣华、喜庆吉祥。
75	水仙花	自古人们就把水仙作为吉祥、美好、纯洁、高雅的象征。
76	瑞　香	瑞香自古以来一直被人视为吉祥之花、富贵之花、如意之花。

序号	植物名称	文 化 内 涵
77	白兰花	白兰花色、香、形俱佳，人见人爱，人们将它视为圣洁、友谊、幸福的象征。
78	吉祥草	民间认为吉祥草开花将有喜庆之事降临，多喜栽植，以祈喜事临门，花发如意。
79	发财树	发财树含有发财、财源滚滚之意。
80	富贵竹	富贵竹寓意富贵长寿、吉祥如意。
81	龟背竹	龟背竹象征健康长寿。
82	虎皮兰	虎皮兰寓意富贵吉祥、王气十足。
83	文 竹	"文雅之竹"，象征永恒、纯洁、永远不变的心；婚礼花材象征爱情地久天长。
84	一品红	一品红寓意为普天同庆、喜气红火。
85	红星凤梨	寓意星光绽放，鸿运当头，万事顺利。
86	红 掌	红掌是代表喜庆红火，又有宏图大展之寓意。红掌送给情人则表示火热的心、心心相印。
87	万年青	寓意吉祥如意。搬家时用万年青表示万事顺心如意；娶媳嫁女用万年青祈愿生活幸福美满；生子寿诞用以祝福老少健康长寿。
88	吊竹梅	旺盛的生命力，勇于表现自我，寓意自信、坚强。
89	仙人掌	仙人掌长有尖刺，民间认为其是一种能够辟邪、驱恶的植物。
90	长寿花	顾名思义，长寿花有健康长寿、大吉大利之寓意。
91	仙客来	仙客来寓意喜迎贵客、好客。
92	大花蕙兰	花开成串，花姿粗犷，代表着雍容高贵、丰盛祥和。
93	君子兰	仪态雍容华贵，开花时有着热烈欢迎的气氛，被视为高贵正气、富贵吉祥、繁荣昌盛、幸福美满、有君子风度之植物。
94	蟹爪兰	蟹爪兰花语是锦上添花、鸿运当头。
95	石斛兰	石斛谐音"是福"，因此石斛兰寓意有幸福、运来、吉祥之意。
96	鹤望兰	鹤望兰在亚洲被认作是"长寿之花"，是一种寓意高贵、幸福、快乐、自由、长寿之意的吉祥花卉。
97	佛 手	佛手乃是"佛之手"，寓意好运、平安之意。佛手谐音"福寿"，故又寓意多福多寿。
98	黄金果	象征五福临门、金玉满堂、富贵发财。在西方，其花语为老少安康、金银无缺。

植物名索引

参考书目

1. 浙江植物志编辑委员会. 浙江植物志. 杭州：浙江科学技术出版社，1993

2. 中国植物志编辑委员会. 中国植物志. 北京：科学出版社，2004

3. 郑万钧. 中国树木志. 北京：中国林业出版社，2004

4. 陈根荣. 浙江树木图鉴. 北京：中国林业出版社，2009

5. 胡绍庆. 杭州植物园植物名录. 杭州：浙江大学出版社，2003

6. 毛龙生. 观赏树木学. 南京：东南大学出版社，2003

7. 李景侠，康永祥. 观赏植物学. 北京：中国林业出版社，2005

8. 陈有民. 园林树木学. 北京：中国林业出版社，2007

9. 陈俊愉. 中国花卉品种分类. 北京：中国林业出版社，2001

10. 包满珠. 花卉学. 北京：中国农业出版社，2003

11. 何济钦等. 园林花卉900种. 北京：中国建筑工业出版社，2006

12. 刑福武. 中国景观植物. 武汉：华中科技大学出版社，2009

13. 彭东辉. 园林景观花卉学. 北京：机械工业出版社，2009

14. 周洪义，张清，袁东升. 园林景观植物图鉴. 北京：中国林业出版社，2009

15. 赵田泽，纪殿荣，杨利平. 中国花卉原色图鉴. 哈尔滨：东北林业大学出版社，2010

16. 刘燕. 园林花卉学. 北京：中国林业出版社，2010

17. 周厚高. 藤蔓植物景观. 贵阳：贵州科技出版社，2006

18. 王雁. 灌木与观赏竹. 北京：中国林业出版社，2011

19. 吴棣飞，姚一麟. 水生植物. 北京：中国电力出版社，2011

20. 宁波市园林管理局. 宁波园林植物. 杭州：浙江科学技术出版社，2011

21. 孙儒泳，李博等. 普通生态学. 北京：高等教育出版社，1993

22. 刘常富，陈玮. 园林生态学. 北京：科学出版社，2003

23. 杨先芬. 花卉文化与园林观赏. 北京：中国农业出版社，2005

24. 刘海涛. 公司与办公室风水植物. 贵阳：贵州科技大学出版社，2010

25. 张壮年. 中国市花的故事. 山东画报，2009